マンガ 線形代数入門

はじめての人でも楽しく学べる

鍵本　聡　原作
北垣絵美　漫画

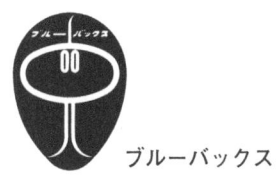

ブルーバックス

●カバー装幀／芦澤泰偉・児崎雅淑
●カバーイラスト／北垣絵美

はじめに

読者の皆さん、ようこそ線形代数の世界へ！

「線形代数って何？」
「どんなふうに使えるの？」
「何を勉強したらいいの？」

初めて線形代数の教科書を開くと、そこはまさに未知の世界。ノートの罫線2〜3行分にもなる巨大物体「行列」は、見かけだけでも強烈です。まさに数学の「怪物」！こんな怪物みたいな数式の羅列に加えて、難しそうな用語がどんどん出てくるのも線形代数の特徴です。「可換」「逆行列」「ハミルトン・ケーリー」「固有値と固有ベクトル」「一次変換」などなど、いったい何からどう手をつけたらいいのか、さっぱり見当がつかないという人も多いのではないでしょうか。

筆者が高校生だった一九八〇年代、「行列」は文系理系にかかわらず高校二年生の数学で学習する必須分野でした。ひと言で言うと、高校を卒業して就職するような高校生でさえも「行列」を勉強したということです。今から考えるとびっくりするような話かもしれません。

ところがその後の社会事情の変化にともない、一九九〇年代には理系高校生だけが履修するものとなり、二〇一五年に高校を卒業する学年からはとうとう「行列」の単元がなくなってしまいます。要するに、多くの大学生にとっては、大学に入学して「線形代数」の教科書で初めてあの「怪物」のような行列の式と対面するような状況になってきているのです。

ところが、大学の線形代数の教科書は何も変わらないまま。かつて大学入試で行列の勉強をしてきた学生がやっと理解できるぐらいの内容です。そんな「線形代数」の教科書をいきなり渡されて、さっと理解できるほうがまれかもしれません。多くの皆さんが「線形代数」で苦しんでいるのは、ある意味当然のことなのです。

ところで「線形代数」は、その名前の通り「線形 (linear)」な形をした式を取り扱うための手法です。どんな学問分野においても、線形な現象を取り扱わない分野はないと言っていいでしょう。数式を多用する理工系の学問では当然のこと、文系でも例えば経済学や心理学など統計処理を扱う理論の多くは線形なモデルを扱うものです。つまり、線形代数を勉強せずにいまの社会生活を通り抜ける道は存在しないということなのです。

本書『マンガ 線形代数入門』は、その名の通りマンガのストーリー仕立てで、大学に入ったばかりの新入生にとって線形代数とはどんなものなのかということがおぼろげにわかるように作りました。

はじめに

生だけでなく、「線形代数」とはどんなものなのか勉強してみたい中高生や社会人の皆さんにも、まずは本書を読んでいただけたらと思います。

実は本書で扱った内容は、大学で学習する「線形代数」というよりは、むしろ旧課程の高校数学で扱われた「行列」の内容がほとんどです。線形代数に入る準備のための内容と言ったほうが正しいかもしれません。ですが、本書を読んでから大学の教科書を勉強すれば、理解度はかなり増すはずです。

各章の終わりには復習の意味もかねて練習問題をつけてあります。まずは実際に手を動かして解いてみてください。そして答え合わせをして、間違えた問題は理解できるまで何度も解く練習をしていただければと思います。

それではゆきえとなみおとともに、博士の研究室のドアを開いてみましょう！

二〇一三年六月

鍵本　聡

はじめに 3

第1章 行列って何？ 線形代数って何？ 9
まとめ 22

第2章 行列の計算をしよう 25
行列のかけ算の求め方 36
練習問題 38
まとめ 41

第3章 逆行列を求めよう 43
行列 $\begin{pmatrix} a & b \\ c & d \end{pmatrix}$ の逆行列 $\begin{pmatrix} a & b \\ c & d \end{pmatrix}^{-1}$ の作り方 63
練習問題 66
まとめ 70

第4章 連立方程式を解いてみよう 71
練習問題 102

第5章 一次変換を調べよう 107

まとめ 105

練習問題 142

第6章 固有値と固有ベクトルを求めよう 149

まとめ 146

練習問題 184

2×2行列の n 乗の求め方 186

まとめ 190

第7章 3×3行列をきわめよう 193

練習問題 230

まとめ 235

おわりに 237

さくいん 238

第1章 行列って何? 線形代数って何?

第1章　行列って何？　線形代数って何？

第1章 行列って何？ 線形代数って何？

第1章　行列って何？　線形代数って何？

第1章 行列って何？ 線形代数って何？

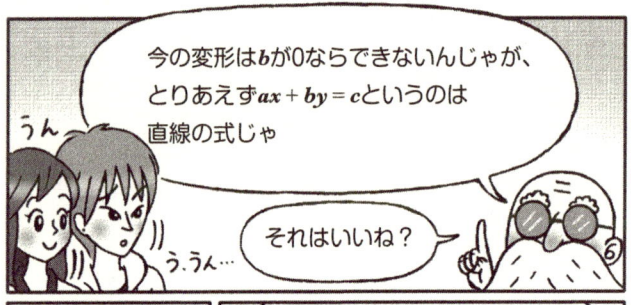

第1章　行列って何？　線形代数って何？

「第1章 行列って何？ 線形代数って何？」のまとめ

大学生になって、まず最初に習う数学の二本柱は、微分積分学と線形代数学です。

「線形代数って何？」と大学生に聞いてみましょう。多くの人は

「ああ、要するに行列のことだよ」

と教えてくれるに違いありません。じゃあ「どうして行列のことを線形代数っていうの？」と聞いてみましょう。

「うーん……あ、そっか！ 行列の行とか列とかって、一直線に数字を並べるから、線の形で線形代数っていうのかな？」

なんていう学生さん、多いんじゃないでしょうか？

そもそも本文に出てきたように、線形（linear）というのは数学でよく使われる用語で、

$ax + by + cz + \cdots$

のように、定数と変数の積がいくつも足し算で組み合わさった形を「線形」と呼ぶのです。例えば300円のコーヒーと350円の紅茶しかメニューがない喫茶店で、1日の売り上げを知り

第1章　行列って何？　線形代数って何？

たければ、コーヒーの1日の注文カップ数（x杯としましょう）と、紅茶の注文カップ数（y杯としましょう）からこのように計算できます。

$$300x + 350y$$

このxとyに、例えば○月△日の注文カップ数（コーヒー25杯、紅茶32杯、すなわち$x=25$、$y=32$）を代入すれば、○月△日の売り上げが出てくるというわけです。

このように「線形」の式で表されることがらは、この世の中には数多く存在しています。そして、それらをきれいに表現したものが「行列」です。行列を使ってコンピュータなどで効率よく売り上げを計算したりシミュレートしたりするためには、行列を管理する数学、すなわち「線形代数学」が必要不可欠なのです。

もちろん、世の中には線形でない事象もたくさんありますが、ある数式が線形であることがわかれば、「線形代数学」をすぐに応用できるというメリットがあるのです。

23

第2章 行列の計算をしよう

第2章　行列の計算をしよう

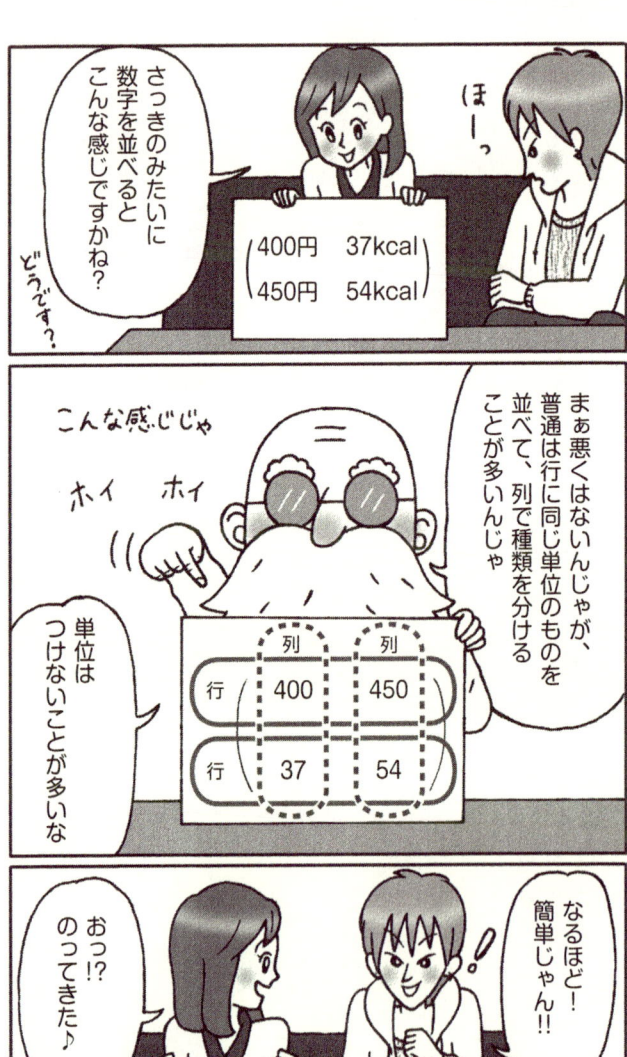

第2章　行列の計算をしよう

なるほど〜 で、これをどう使うんですか？

$$\begin{pmatrix} 400 & 450 \\ 37 & 54 \end{pmatrix}$$

例えば、このメニューにLサイズがあるとしよう

MENU

☕ **レモンラテ(HOT)**　Lサイズ

《値段》　Mサイズより **20円アップ**

《カロリー》Mサイズより **11kcal増**

🍹 **レモンラテ(ICE)**　Lサイズ

《値段》　Mサイズより **30円アップ**

《カロリー》Mサイズより **16kcal増**

これも行列にしてみよう

え〜っと

第2章 行列の計算をしよう

第2章　行列の計算をしよう

第2章 行列の計算をしよう

行列のかけ算の求め方

$(m \times n$行列$)(n \times k$行列$)$の計算法を説明します

例) $\begin{pmatrix} 3 & 2 & 5 \\ -1 & 1 & 3 \end{pmatrix} \begin{pmatrix} -2 & 1 & 0 & -3 \\ -1 & 4 & 1 & 2 \\ 1 & -2 & -1 & 6 \end{pmatrix}$

　　　2×3行列　　　　　3×4行列

→この部分の数が等しくないと行列のかけ算はできない

STEP①

$\begin{pmatrix} 3 & 2 & 5 \end{pmatrix} \begin{pmatrix} -2 \\ -1 \\ 1 \end{pmatrix} = \begin{pmatrix} ? \end{pmatrix}$

で囲んだ部分に注目
$3 \times (-2) + 2 \times (-1) + 5 \times 1$ を計算すると -3 なので
答えのわくに $\begin{pmatrix} -3 & \end{pmatrix}$ と書きこむ

STEP②

$\begin{pmatrix} 3 & 2 & 5 \\ -1 & 1 & 3 \end{pmatrix} \begin{pmatrix} -2 & 1 & 0 & -3 \\ -1 & 4 & 1 & 2 \\ 1 & -2 & -1 & 6 \end{pmatrix}$

次に右側の列を1つずらして同じ計算をする。 ここに書きこむ

$3 \times 1 + 2 \times 4 + 5 \times (-2) = 1$ なので $\begin{pmatrix} -3 & 1 & \\ & & \end{pmatrix}$

第2章　行列の計算をしよう

STEP③ これをくりかえしていく

$3 \times 0 + 2 \times 1 + 5 \times (-1) = -3$
$3 \times (-3) + 2 \times 2 + 5 \times 6 = 25$

$$\begin{pmatrix} -3 & 1 & -3 & 25 \end{pmatrix}$$

STEP④ 右側の行列の最後の列を終えたら、左側の行列の行を1つ下にずらして同じ計算を何度もくりかえす

$$\begin{pmatrix} 3 & 2 & 5 \\ -1 & 1 & 3 \end{pmatrix} \begin{pmatrix} -2 & 1 & 0 & -3 \\ -1 & 4 & 1 & 2 \\ 1 & -2 & -1 & 6 \end{pmatrix}$$

$-1 \times (-2) + 1 \times (-1) + 3 \times 1 = 4$
$-1 \times 1 + 1 \times 4 + 3 \times (-2) = -3$
$-1 \times 0 + 1 \times 1 + 3 \times (-1) = -2$
$-1 \times (-3) + 1 \times 2 + 3 \times 6 = 23$

よって

$$\begin{pmatrix} 3 & 2 & 5 \\ -1 & 1 & 3 \end{pmatrix} \begin{pmatrix} -2 & 1 & 0 & -3 \\ -1 & 4 & 1 & 2 \\ 1 & -2 & -1 & 6 \end{pmatrix} = \begin{pmatrix} -3 & 1 & -3 & 25 \\ 4 & -3 & -2 & 23 \end{pmatrix}$$

簡単じゃろ！

練習問題は
39ページにあります

第2章　練習問題

① あるお店に

	値段	カロリー
アイスケーキ	360円	168kcal
イタリアンプリン	240円	206kcal

という2つのメニューがあります。

(1) これら2つのメニューにはともに、サイズも値段も（もちろんカロリーも）ちょうど半分の「ハーフ・アイスケーキ」「ハーフ・イタリアンプリン」があるとします。この2つの「ハーフ」のメニューの値段とカロリーを求める行列の計算式を作って計算してみて下さい。

(2) これら2つのメニューにはともに「プラス・ジェラートセット」があります。これはもともとの「アイスケーキ」「イタリアンプリン」に＋100円で72kcalのジェラートもついてくるおトクなセットです。「アイスケーキ、プラス・ジェラートセット」「イタリアンプリン、プラス・ジェラートセット」の値段とカロリーを求める行列の計算式を作って計算してみて下さい。

(3) (1)と(2)より

「ハーフ・アイスケーキ、プラス・ジェラートセット」「ハーフ・イタリアンプリン、プラス・ジェラートセット」の値段とカロリーを求める行列の計算式を作って計算してみて下さい。

なお、プラス・ジェラートでついてくるジェラートのサイズはそのままです。

第 2 章　行列の計算をしよう

② 次の行列の計算をしてみて下さい。

(1) $\begin{pmatrix} 400 & 300 \\ 15 & 6 \end{pmatrix} \begin{pmatrix} 5 \\ 4 \end{pmatrix}$

(2) $\begin{pmatrix} 3 & -1 \\ -2 & 3 \end{pmatrix} \begin{pmatrix} 6 \\ 2 \end{pmatrix} + \begin{pmatrix} -3 & 2 \\ -1 & 3 \end{pmatrix} \begin{pmatrix} 2 \\ -3 \end{pmatrix}$

(3) $\begin{pmatrix} 3 & 6 \\ 2 & 4 \end{pmatrix} \begin{pmatrix} -1 & 2 \\ 3 & -1 \end{pmatrix}$

(4) $\begin{pmatrix} 1 & 0 \\ 3 & 5 \end{pmatrix} \begin{pmatrix} 4 & 3 \\ -1 & 2 \end{pmatrix} - \begin{pmatrix} 0 & 2 \\ 8 & 1 \end{pmatrix} \begin{pmatrix} 3 & 7 \\ -2 & -1 \end{pmatrix}$

解答

①(1) $\dfrac{1}{2}\begin{pmatrix} 360 & 240 \\ 168 & 206 \end{pmatrix} = \begin{pmatrix} 180 & 120 \\ 84 & 103 \end{pmatrix}$

(2) $\begin{pmatrix} 360 & 240 \\ 168 & 206 \end{pmatrix} + \begin{pmatrix} 100 & 100 \\ 72 & 72 \end{pmatrix} = \begin{pmatrix} 460 & 340 \\ 240 & 278 \end{pmatrix}$

(3) $\dfrac{1}{2}\begin{pmatrix} 360 & 240 \\ 168 & 206 \end{pmatrix} + \begin{pmatrix} 100 & 100 \\ 72 & 72 \end{pmatrix} = \begin{pmatrix} 280 & 220 \\ 156 & 175 \end{pmatrix}$

②(1) $\begin{pmatrix} 400 & 300 \\ 15 & 6 \end{pmatrix}\begin{pmatrix} 5 \\ 4 \end{pmatrix} = \begin{pmatrix} 400 \times 5 + 300 \times 4 \\ 15 \times 5 + 6 \times 4 \end{pmatrix} = \begin{pmatrix} 3200 \\ 99 \end{pmatrix}$

(2) $\begin{pmatrix} 3 & -1 \\ -2 & 3 \end{pmatrix}\begin{pmatrix} 6 \\ 2 \end{pmatrix} + \begin{pmatrix} -3 & 2 \\ -1 & 3 \end{pmatrix}\begin{pmatrix} 2 \\ -3 \end{pmatrix}$

$= \begin{pmatrix} 16 \\ -6 \end{pmatrix} + \begin{pmatrix} -12 \\ -11 \end{pmatrix} = \begin{pmatrix} 4 \\ -17 \end{pmatrix}$

(3) $\begin{pmatrix} 3 & 6 \\ 2 & 4 \end{pmatrix}\begin{pmatrix} -1 & 2 \\ 3 & -1 \end{pmatrix}$

$= \begin{pmatrix} 3 \times (-1) + 6 \times 3 & 3 \times 2 + 6 \times (-1) \\ 2 \times (-1) + 4 \times 3 & 2 \times 2 + 4 \times (-1) \end{pmatrix} = \begin{pmatrix} 15 & 0 \\ 10 & 0 \end{pmatrix}$

(4) $\begin{pmatrix} 1 & 0 \\ 3 & 5 \end{pmatrix}\begin{pmatrix} 4 & 3 \\ -1 & 2 \end{pmatrix} - \begin{pmatrix} 0 & 2 \\ 8 & 1 \end{pmatrix}\begin{pmatrix} 3 & 7 \\ -2 & -1 \end{pmatrix}$

$= \begin{pmatrix} 4 & 3 \\ 7 & 19 \end{pmatrix} - \begin{pmatrix} -4 & -2 \\ 22 & 55 \end{pmatrix} = \begin{pmatrix} 8 & 5 \\ -15 & -36 \end{pmatrix}$

第2章　行列の計算をしよう

「第2章　行列の計算をしよう」のまとめ

行列どうしの「四則演算」、すなわち「足し算、引き算、かけ算、割り算」の4種類の計算法則のうち、ここでは足し算、引き算、かけ算を紹介しました。

こうやってみると、行列というのはあたかも普通の数字と同じように計算ができると錯覚しそうですが、実は行列どうしの「割り算」というものは存在しません。このことは、これから行列の計算をする上で非常に重要な点です。

もう一つ、行列のかけ算は左右を入れ替えると大抵答えが変わるということです。言い換えると、

　$AB \neq BA$

ということです。行列の計算をする際に注意しないといけませんし、このために計算が面倒になりがちなのです。

ただし、行列によっては左右を入れ替えても答えが変わらないものがあります。すなわち、

$AB = BA$

となる場合があるのです。このように左右を入れ替えても答えが変わらないことを「可換」と呼んだりします。可換な行列は、普通の行列よりも計算が格段にしやすいのです。

これら2つの性質をよく理解しておけば、行列の計算は決して難しいものではありません。普通の数字の計算と、何が共通で何が異なるのか、よく知っておくことが線形代数の基本だといえるでしょう。

第3章 逆行列を求めよう

博士、かけ算はできるようになりました!!
ね、なみお君!
あ……ああ、まぁ……
なみお君その返事大丈夫かの〜?
はい、まぁなんとかできるようには……でも、ちょっとわからないんです
何がじゃ?
足し算とかけ算はわかったけど、引き算と割り算が
引き算は簡単じゃないマイナスの値を足せば引き算になるんだから

第3章　逆行列を求めよう

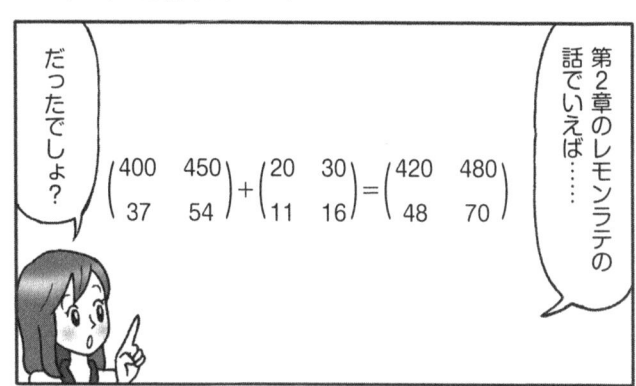

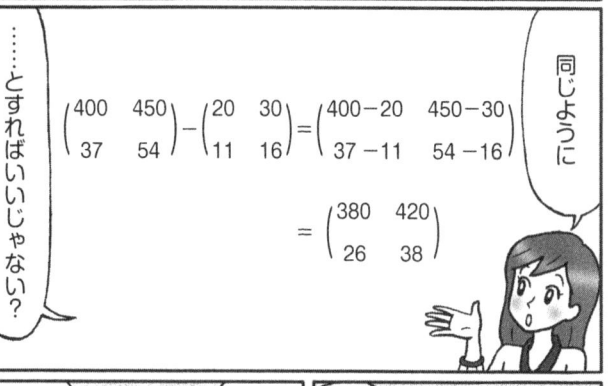

第2章のレモンラテの話でいえば……

$$\begin{pmatrix} 400 & 450 \\ 37 & 54 \end{pmatrix} + \begin{pmatrix} 20 & 30 \\ 11 & 16 \end{pmatrix} = \begin{pmatrix} 420 & 480 \\ 48 & 70 \end{pmatrix}$$

だったでしょ？

同じように

$$\begin{pmatrix} 400 & 450 \\ 37 & 54 \end{pmatrix} - \begin{pmatrix} 20 & 30 \\ 11 & 16 \end{pmatrix} = \begin{pmatrix} 400-20 & 450-30 \\ 37-11 & 54-16 \end{pmatrix}$$

$$= \begin{pmatrix} 380 & 420 \\ 26 & 38 \end{pmatrix}$$

……とすればいいじゃない？

じゃあ割り算は？

うん……

割り算もおんなじなんじゃないの？

ね、博士……

ポリポリ

45

はっ、博士！
zzz
ん!?
ムニャ ムニャ
博士、話聞いてました？
いつのまに寝てたんだ…
結論は出たかのう？
ふわあああ….
ぜーんぜん出ないッスよ

第3章　逆行列を求めよう

交換法則はこうじゃ！

例えば、3×5だったら……

$$3 \times 5 = 5 \times 3 = 15$$

……というふうに、5と3のどっちが右でどっちが左でも答えが同じになる、という法則じゃ

当たり前じゃん……

行列ならダメなんですか？

じゃあ、ためしに次の2つの行列のかけ算をやってみたまえ

$$\begin{pmatrix} 4 & 2 \\ 3 & 1 \end{pmatrix} \begin{pmatrix} 2 & 3 \\ 1 & 4 \end{pmatrix}$$

左右が入れ替わっている

$$\begin{pmatrix} 2 & 3 \\ 1 & 4 \end{pmatrix} \begin{pmatrix} 4 & 2 \\ 3 & 1 \end{pmatrix}$$

ほれ
ぜーんぜん違うものになるじゃろう!?
えーっ!! じゃあ意味ないじゃん!!
ほんとだわ〜 これじゃかけ算って言えない〜
まぁまぁ落ち着きなさい
これが行列なんじゃ
これが行列だ、なんて言われても……
まぁ、博士の話を聞いてみましょう

他の例も見てみよう
例えば……

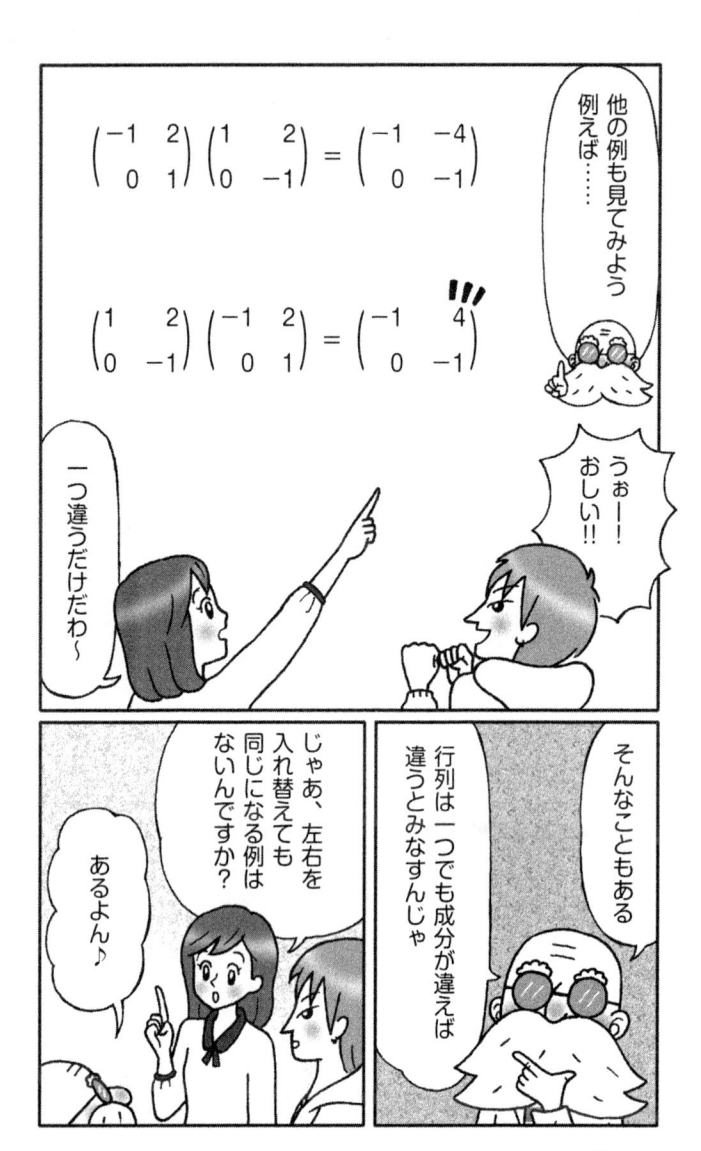

$$\begin{pmatrix} -1 & 2 \\ 0 & 1 \end{pmatrix} \begin{pmatrix} 1 & 2 \\ 0 & -1 \end{pmatrix} = \begin{pmatrix} -1 & -4 \\ 0 & -1 \end{pmatrix}$$

$$\begin{pmatrix} 1 & 2 \\ 0 & -1 \end{pmatrix} \begin{pmatrix} -1 & 2 \\ 0 & 1 \end{pmatrix} = \begin{pmatrix} -1 & 4 \\ 0 & -1 \end{pmatrix}$$

うぉー！おしい!!

一つ違うだけだわ〜

そんなこともある

行列は一つでも成分が違えば違うとみなすんじゃ

じゃあ、左右を入れ替えても同じになる例はないんですか？

あるよん♪

第3章　逆行列を求めよう

$$\begin{pmatrix} -1 & 1 \\ -1 & -1 \end{pmatrix} \begin{pmatrix} 2 & -3 \\ 3 & 2 \end{pmatrix} = \begin{pmatrix} 1 & 5 \\ -5 & 1 \end{pmatrix}$$

$$\begin{pmatrix} 2 & -3 \\ 3 & 2 \end{pmatrix} \begin{pmatrix} -1 & 1 \\ -1 & -1 \end{pmatrix} = \begin{pmatrix} 1 & 5 \\ -5 & 1 \end{pmatrix}$$

まぁ今の例などは ちょっと勉強すれば すぐに作れるように なるんじゃ
頑張ってついて 来ればすぐに わかるから 安心せい
エヘン
ははー！
ともかく、こんなふうに 2つの行列をかけ算する ときに左右を入れ替えても 答えが変わらないことも あるわけじゃが
可換（かかん）
そういう2つの行列を 「可換」というんじゃ
オレ、今日は 日記を書かん！
私は授業中に 落書きを 描かん！
わしはこれから 頑張って恥を かかん！

って…
ちゃうわーい
あんまり調子にのると博士、怒っちゃうね……
ヒソ
ヒソ
ヒソ
ゴホンッ
可換とはまたの名を「交換可能」という
交換可能
可換
なーんだそういう意味か！
とりあえず覚えておいてほしいことは……
行列というのは普通に数字をかけ算してるみたいに気楽に計算ができないということじゃ
でも、可換の場合だけはすごーく気が楽になる
なるほど〜

じゃあ、行列の割り算はあきらめるしかないのか～
しょぼん
なみお君…せっかくここまで頑張ってたのに…
なんだか悲しいね……
ぐすん
いやいや……あきらめるのはまだ早いぞ
何か方法があるんですか!?
そうそう、そこが行列の重要なポイントじゃ
君たち目がキラキラしておるぞ?
そんなに勉強好きだった?
この方程式を解いてみるがいい
5x＝3
はい

第3章　逆行列を求めよう

こんなの無理よ〜
博士に習いましょう〜
ね、博士……
ZZZ…
はーかーせ！
……
よくねるな──…
わー！
がばっ
にゃんの話だったかの？
えーっと
$$\begin{pmatrix} 2 & 3 \\ 1 & 4 \end{pmatrix} A = \begin{pmatrix} 13 & 18 \\ 14 & 19 \end{pmatrix}$$
このAの求め方です
もー！

第3章　逆行列を求めよう

あれ
博士
起きてる
じゃん……

そうじゃ

そのとおり!!

がばっ

そこが非常に重要なんじゃ

$5 \times \frac{1}{5} = 1$ となる

わけじゃが

くる くる くる

そういう感じのことをするんじゃ〜い♪

でも
行列に1なんて
ないですよ！

実は行列にも
1のようなものが
存在するのじゃよ

1

2×2行列の場合、
E=(1 0 / 0 1) は
どんな行列にかけ算しても
行列の成分が変わらない
これを2×2行列の
「単位行列」と呼ぶのじゃ
タンイギョウレツー？
さらに
さらに？
行列X × 行列Y =(1 0 / 0 1)
逆行列
ある行列Xと別の行列Yを
かけ算したら単位行列に
なるとき
行列Yは行列Xの
「逆行列」と
呼ぶんじゃよ
ちなみにある行列とその
逆行列は必ず可換になる

「ギャクギョウレツー！」

「いろんな単語が出てくるな…」

「要するに」

「さっきの場合」

$$\begin{pmatrix} 2 & 3 \\ 1 & 4 \end{pmatrix} A = \begin{pmatrix} 13 & 18 \\ 14 & 19 \end{pmatrix}$$

を変形するために、

STEP① 行列 $\begin{pmatrix} 2 & 3 \\ 1 & 4 \end{pmatrix}$ の逆行列を求める

STEP② その逆行列を両辺の左からかける
（ある行列とその行列の逆行列は可換なので左からかけても単位行列となる）

STEP③ すると、$A=$……の形になり、Aが求まる

っちゅーわけじゃ

第3章　逆行列を求めよう

$5x = 3$ の x を求めるときは

STEP① 5の逆数 $\left(\dfrac{1}{5}\right)$ を求める

STEP② それを両辺にかける

STEP③ すると、$x = \cdots\cdots$ の形になり、x が求まる

同じ作業じゃろ？

なるほど〜！
でもさ、逆行列ってそんなに簡単に求まるの？

たしかに〜

なみお君、ナイスクエスチョン!!
英語でいうと、nice question!

博士、なんか調子にのってるね
わざわざ英語で言わなくていいのにね……

2×2行列の逆行列の求め方は誰かが考えてくれているから

それを丸覚えすればよい

丸覚えか〜

げ〜っ

オレ 覚えるの苦手なんだよなぁ〜

私は得意！

任せて〜！

簡単な暗記じゃなみお君でも覚えられる

ホイホイ

うー

先ほどの行列を例にとってみよう

$\begin{pmatrix} 2 & 3 \\ 1 & 4 \end{pmatrix}$

お願いします!!

第3章　逆行列を求めよう

行列 $\begin{pmatrix} a & b \\ c & d \end{pmatrix}$ の逆行列 $\begin{pmatrix} a & b \\ c & d \end{pmatrix}^{-1}$ の作り方

STEP①

$ad-bc$ を計算する

$\begin{pmatrix} 2 & 3 \\ 1 & 4 \end{pmatrix}$ なら、

$a=2$、$b=3$、$c=1$、$d=4$なので
$2\times4-3\times1=5$

STEP② $\begin{pmatrix} a & b \\ c & d \end{pmatrix}$ の逆行列 $\begin{pmatrix} a & b \\ c & d \end{pmatrix}^{-1}$ は

$\dfrac{1}{ad-bc}\begin{pmatrix} d & -b \\ -c & a \end{pmatrix}$ となる

要はaとdを入れ替えて、
bとcは＋と－の符号を反対にする

$\begin{pmatrix} 2 & 3 \\ 1 & 4 \end{pmatrix}$ なら、

$\dfrac{1}{5}\begin{pmatrix} 4 & -3 \\ -1 & 2 \end{pmatrix}$ となる

ちなみに$ad-bc$のことを行列式
というんじゃ　覚えておくんじゃぞ

本当にこれで逆行列ができるのかな〜?

心配なら元の行列とかけ算してみたまえ

$$\frac{1}{5}\begin{pmatrix} 4 & -3 \\ -1 & 2 \end{pmatrix}\begin{pmatrix} 2 & 3 \\ 1 & 4 \end{pmatrix}$$

$$=\frac{1}{5}\begin{pmatrix} 5 & 0 \\ 0 & 5 \end{pmatrix}$$

$$=\begin{pmatrix} 1 & 0 \\ 0 & 1 \end{pmatrix}$$

わあ

すげ〜っ!
不思議〜!

では、さっきの行列の式
$\begin{pmatrix} 2 & 3 \\ 1 & 4 \end{pmatrix}A=\begin{pmatrix} 13 & 18 \\ 14 & 19 \end{pmatrix}$ の両辺に左から
$\frac{1}{5}\begin{pmatrix} 4 & -3 \\ -1 & 2 \end{pmatrix}$ をかけ算
してみよう!

ハーイ

第3章 逆行列を求めよう

$$\begin{pmatrix} 2 & 3 \\ 1 & 4 \end{pmatrix} A = \begin{pmatrix} 13 & 18 \\ 14 & 19 \end{pmatrix}$$

$$\frac{1}{5}\begin{pmatrix} 4 & -3 \\ -1 & 2 \end{pmatrix}\begin{pmatrix} 2 & 3 \\ 1 & 4 \end{pmatrix} A = \frac{1}{5}\begin{pmatrix} 4 & -3 \\ -1 & 2 \end{pmatrix}\begin{pmatrix} 13 & 18 \\ 14 & 19 \end{pmatrix}$$

ここで、左辺の波線部は単位行列となり、結局 A だけになるので右辺だけ頑張って計算すればいいことになるわけじゃ

$$\frac{1}{5}\begin{pmatrix} 4 & -3 \\ -1 & 2 \end{pmatrix}\begin{pmatrix} 13 & 18 \\ 14 & 19 \end{pmatrix}$$

$$= \frac{1}{5}\begin{pmatrix} 10 & 15 \\ 15 & 20 \end{pmatrix}$$

$$= \begin{pmatrix} 2 & 3 \\ 3 & 4 \end{pmatrix}$$

すなわち
$$A = \begin{pmatrix} 2 & 3 \\ 3 & 4 \end{pmatrix}$$
ということがわかる

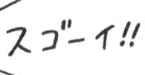

スゴーイ!!

第3章 練習問題

① 次のそれぞれの行列について、逆行列を求めてみて下さい。

(1) $\begin{pmatrix} 3 & 2 \\ 1 & 4 \end{pmatrix}$ (2) $\begin{pmatrix} -1 & 4 \\ 0 & 1 \end{pmatrix}$ (3) $\begin{pmatrix} -5 & 1 \\ 2 & 1 \end{pmatrix}$

② 逆行列を使って、次の式をみたす2×2行列Aを求めてみて下さい。

(1) $\begin{pmatrix} 4 & 1 \\ 2 & 2 \end{pmatrix} A = \begin{pmatrix} 1 & 3 \\ -1 & 1 \end{pmatrix}$

(2) $A \begin{pmatrix} -1 & 1 \\ 1 & 4 \end{pmatrix} = \begin{pmatrix} 3 & 2 \\ 1 & -1 \end{pmatrix}$

(3) $\begin{pmatrix} \frac{1}{2} & \frac{3}{2} \\ -\frac{1}{2} & \frac{5}{2} \end{pmatrix} A = \begin{pmatrix} \frac{1}{4} & \frac{2}{4} \\ \frac{2}{4} & \frac{5}{4} \end{pmatrix}$

第3章　逆行列を求めよう

解答

① (1)　$3 \times 4 - 2 \times 1 = 10$ より

逆行列　$\begin{pmatrix} 3 & 2 \\ 1 & 4 \end{pmatrix}^{-1} = \frac{1}{10} \begin{pmatrix} 4 & -2 \\ -1 & 3 \end{pmatrix}$

(2)　$(-1) \times 1 - 4 \times 0 = -1$ より

逆行列　$\begin{pmatrix} -1 & 4 \\ 0 & 1 \end{pmatrix}^{-1} = \frac{1}{-1} \begin{pmatrix} 1 & -4 \\ 0 & -1 \end{pmatrix} = \begin{pmatrix} -1 & 4 \\ 0 & 1 \end{pmatrix}$

(3)　$(-5) \times 1 - 1 \times 2 = -7$ より

逆行列　$\begin{pmatrix} -5 & 1 \\ 2 & 1 \end{pmatrix}^{-1} = \frac{1}{-7} \begin{pmatrix} 1 & -1 \\ -2 & -5 \end{pmatrix} = \frac{1}{7} \begin{pmatrix} -1 & 1 \\ 2 & 5 \end{pmatrix}$

（それぞれ、元の行列と逆行列をかけ算して、$\begin{pmatrix} 1 & 0 \\ 0 & 1 \end{pmatrix}$ になることを確認してみて下さい！）

例) (1)　$\begin{pmatrix} 3 & 2 \\ 1 & 4 \end{pmatrix} \times \frac{1}{10} \begin{pmatrix} 4 & -2 \\ -1 & 3 \end{pmatrix} = \frac{1}{10} \begin{pmatrix} 10 & 0 \\ 0 & 10 \end{pmatrix}$

$= \begin{pmatrix} 1 & 0 \\ 0 & 1 \end{pmatrix}$

② (1) $\begin{pmatrix} 4 & 1 \\ 2 & 2 \end{pmatrix}^{-1} = \frac{1}{6}\begin{pmatrix} 2 & -1 \\ -2 & 4 \end{pmatrix}$ より

$\begin{pmatrix} 4 & 1 \\ 2 & 2 \end{pmatrix}A = \begin{pmatrix} 1 & 3 \\ -1 & 1 \end{pmatrix}$ の両辺に左から

$\frac{1}{6}\begin{pmatrix} 2 & -1 \\ -2 & 4 \end{pmatrix}$ をかけ算して

$A = \frac{1}{6}\begin{pmatrix} 2 & -1 \\ -2 & 4 \end{pmatrix}\begin{pmatrix} 1 & 3 \\ -1 & 1 \end{pmatrix} = \frac{1}{6}\begin{pmatrix} 3 & 5 \\ -6 & -2 \end{pmatrix}$

(2) $\begin{pmatrix} -1 & 1 \\ 1 & 4 \end{pmatrix}^{-1} = \frac{1}{-5}\begin{pmatrix} 4 & -1 \\ -1 & -1 \end{pmatrix} = \frac{1}{5}\begin{pmatrix} -4 & 1 \\ 1 & 1 \end{pmatrix}$ より

$A\begin{pmatrix} -1 & 1 \\ 1 & 4 \end{pmatrix} = \begin{pmatrix} 3 & 2 \\ 1 & -1 \end{pmatrix}$ の両辺に右から

$\frac{1}{5}\begin{pmatrix} -4 & 1 \\ 1 & 1 \end{pmatrix}$ をかけ算して

$A = \begin{pmatrix} 3 & 2 \\ 1 & -1 \end{pmatrix} \times \frac{1}{5}\begin{pmatrix} -4 & 1 \\ 1 & 1 \end{pmatrix} = \frac{1}{5}\begin{pmatrix} -10 & 5 \\ -5 & 0 \end{pmatrix}$

$= \begin{pmatrix} -2 & 1 \\ -1 & 0 \end{pmatrix}$

第3章　逆行列を求めよう

(3) $\begin{pmatrix} \dfrac{1}{2} & \dfrac{3}{2} \\ -\dfrac{1}{2} & \dfrac{5}{2} \end{pmatrix}^{-1} = \dfrac{1}{2}\begin{pmatrix} \dfrac{5}{2} & -\dfrac{3}{2} \\ \dfrac{1}{2} & \dfrac{1}{2} \end{pmatrix}$ より

両辺に左からかけ算して

$A = \dfrac{1}{2}\begin{pmatrix} \dfrac{5}{2} & -\dfrac{3}{2} \\ \dfrac{1}{2} & \dfrac{1}{2} \end{pmatrix}\begin{pmatrix} \dfrac{1}{4} & \dfrac{2}{4} \\ \dfrac{2}{4} & \dfrac{5}{4} \end{pmatrix}$

$= \dfrac{1}{16}\begin{pmatrix} 5 & -3 \\ 1 & 1 \end{pmatrix}\begin{pmatrix} 1 & 2 \\ 2 & 5 \end{pmatrix} = \dfrac{1}{16}\begin{pmatrix} -1 & -5 \\ 3 & 7 \end{pmatrix}$

「第3章 逆行列を求めよう」のまとめ

前章で行列どうしの割り算がない、と言いましたが、それに変わる演算として逆行列がありま す。逆行列というのは実数の「逆数」のようなもので、元の行列と逆行列をかけ算したら単位行 列（実数で言うと1のような数）になります。

本文ですこしふれましたが、ある行列とその行列の逆行列は「可換」です。すなわち、ある行 列Aと、その逆行列A^{-1}は、単位行列をEとして、

$$AA^{-1} = A^{-1}A = E$$

が成り立つのです。ただし、これは逆行列が存在するときの話。逆行列が存在しない行列も多 数存在するので、その場合は注意が必要です。

あと、逆行列が存在するかしないかは、その行列の行列式（$ad-bc$のこと。詳しくは第4章参 照）を見るとわかります。行列の行列式が0でなければ逆行列が存在するし、0ならば存在しま せん。実はこの行列式が0のときというのが重要なことは、後の章でも出てきます。

そんなわけで、行列を見れば、とりあえず行列式を計算するようにクセをつけましょう。その ことだけでも、行列の性質が結構わかるものです。

第4章　連立方程式を解いてみよう

2×2行列の逆行列は求められるようになったかの?

た、たぶん

大丈夫です

はい! 任せてください

どんな行列でも逆行列を求めてみせます

よし、よく言った! では……

……

なみお君 これの逆行列を求めてみたまえ

$\begin{pmatrix} 5 & 10 \\ 3 & 6 \end{pmatrix}$

はい! 任せてください!!

第4章 連立方程式を解いてみよう

$$\begin{vmatrix} 5 & 10 \\ 3 & 6 \end{vmatrix} = 5\times6-10\times3=0$$

求めると…… 答えは0

あ、あれ?!

0ってことは……

博士!! さっきのやり方ができません!

ほっほっほ

どんな行列でも逆行列を求めてみせてくれるんじゃなかったかの、なみお君

いや!! できました!!

$$\frac{1}{0}\begin{pmatrix} 6 & -10 \\ -3 & 5 \end{pmatrix}$$

答えは**無限大**です!

こらこら そんな無茶なことはしちゃいかんよ

そもそも1/0なんて数は存在しないんだから……

求められないわね……

そうじゃ、この行列に逆行列は存在しない

これが正解じゃ

博士ーっ

ずるいぞー！

いやいや、君が「どんな行列でも逆行列を求めてみせる」と言ったんで、試してみたまでじゃ

くっそ〜

ふふふ…

ほっほっ

74

第4章 連立方程式を解いてみよう

改めて、用語を教えよう

2×2 行列 $A = \begin{pmatrix} a & b \\ c & d \end{pmatrix}$ について、

$ad - bc$ のことを行列式(determinant)というんじゃったな

式では $|A|$ とか、$\det A$ などと表す

$A = \begin{pmatrix} a & b \\ c & d \end{pmatrix}$ のとき、

$|A| = \begin{vmatrix} a & b \\ c & d \end{vmatrix} = ad - bc$

基本的に $n \times n$ 行列は行列式が計算できるのじゃが、3×3 以上の行列式は後回しにするとして、とりあえず 2×2 の行列式は、$ad - bc$ と覚えておくといいじゃろ

ハイ!

行列Aの行列式が0のとき、
その行列Aには逆行列 A^{-1}が存在しない
すなわち、まとめるとこういうことじゃ！

$A = \begin{pmatrix} a & b \\ c & d \end{pmatrix}$ とすると、

i) $|A| = ad - bc \neq 0$ のとき、

$$A^{-1} = \frac{1}{|A|} \begin{pmatrix} d & -b \\ -c & a \end{pmatrix}$$

ii) $|A| = ad - bc = 0$ のとき、
A^{-1} は存在しない

どんな行列でも、行列式が0ならば逆行列が存在しないのですか？

そういうことじゃ

わかったかの、なみお君

Zzz
くぴー
くぴー
なーみーおー君！
ビクッ
あれ？なんか寝てた気がする
もー
ゴシゴシ
??
しっかり寝てたわよ!!
ほっほっ わしのうたた寝病がうつったか？
まぁ、すっきりした頭脳で勉強できるじゃろ
で、博士 逆行列があるかないかって、そんなに重要なことなんですか？
?
ぼ〜
ぼ〜
いい質問じゃ
実は ひっじょーに重要なんじゃ

次の問題を3問とも連立方程式を使って解いてみたまえ

問1

Aさんは鉛筆3本と消しゴム2個を買って310円支払い、Bさんは鉛筆4本と消しゴム3個を買って440円支払いました。鉛筆1本と消しゴム1個の値段をそれぞれ求めなさい。

問2

Aさんは鉛筆4本と消しゴム2個を買って400円支払い、Bさんは鉛筆6本と消しゴム3個を買って600円支払いました。鉛筆1本と消しゴム1個の値段をそれぞれ求めなさい。

問3

Aさんは鉛筆2本と消しゴム3個を買って500円支払い、Bさんは鉛筆4本と消しゴム6個を買って700円支払いました。鉛筆1本と消しゴム1個の値段をそれぞれ求めなさい。

第4章　連立方程式を解いてみよう

> 博士、なめないでください！
> これでも中学のときは数学の成績は悪くなかったんですよ

> 3問とも同じように見えるけど、何か違うのかな？
> えーっと　どれどれ…

> とりあえず **問1** は……

鉛筆1本の値段をx円、消しゴム1個の値段をy円とする。

$3x+2y=310$ …(1)
$4x+3y=440$ …(2)

(1)×3−(2)×2を計算して、

$$\begin{array}{r} 9x+6y=930 \\ -)\ 8x+6y=880 \\ \hline x=50 \end{array}$$

これを(1)に代入して$y=80$

よって答えは、
<u>鉛筆1本50円、消しゴム1個80円</u>

そうそう！

かっ
簡単だよね！

問2は
オレがやるよ！

問2

鉛筆1本の値段をx円、消しゴム1個の値段をy円とする。

$4x+2y=400$ …(1)
$6x+3y=600$ …(2)

(1)×3−(2)×2を計算して、

$\quad\;\; 12x+6y=1200$
$-)\;\; 12x+6y=1200$
$\quad\;\; \vdots$

う…っ

どうしたの？
顔色が悪いよ

第4章　連立方程式を解いてみよう

ぐーっ
コクン
パチンッ
ビクッ
ほんとによくもまあ簡単に眠れるわ
あ～～っビックリした～
あれ!?
もう3問ともできたかの?
問2で詰まっています
連立方程式を解こうとしたら、式が消えちゃったんです
ほほっ
人が真剣に解いてるんです笑わないでください
いやいやすまんすまん
とは言っても、連立方程式なんて簡単と言ってたのは誰だったかの?
ぎくっ
とりあえず初心に戻ってみたまえ

第4章 連立方程式を解いてみよう

問2 の場合

1つ目の式 $4x+2y=400$ も
2つ目の式 $6x+3y=600$ も、
変形すると
$2x+y=200$ じゃ
で、これ以上もうどうすることもできないじゃろ？
すなわち

「$2x+y=200$ を満たす全ての x と y」

というのが答えじゃ
例えば
「鉛筆1本50円、消しゴム1個100円」でもいいし
「鉛筆1本60円、消しゴム1個80円」でもいいことになる

こういう連立方程式を、一つに定まらないので「不定」などと呼ぶんじゃよ

わかったぞ！

問3もやってみます！

問3

鉛筆1本の値段をx円、消しゴム1個の値段をy円とする。

$$2x+3y=500 \quad \cdots(1)$$
$$4x+6y=700 \quad \cdots(2)$$

(1)×2−(2)を計算して、

$$\begin{array}{r} 4x+6y=1000 \\ -)\ 4x+6y=700 \\ \hline \cdots \end{array}$$

あれ……？

ど、どうしたの！また消えちゃったの？

第4章　連立方程式を解いてみよう

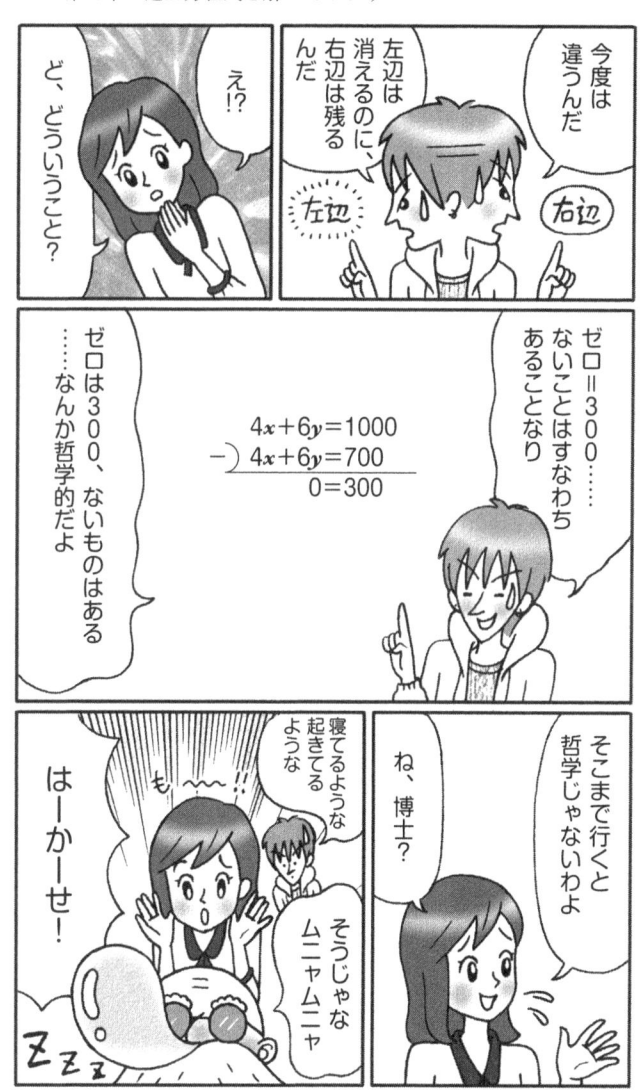

ふわああ……

解けたかの

いや問3で詰まっています

連立方程式を解こうとしたら、左辺が消えちゃったのに、右辺だけ残っているんです！

ほーっ、ほっほっ！　これも初心に戻って考えてみたまえ

問3 の場合

2つの式　$\begin{matrix}2x+3y=500\\4x+6y=700\end{matrix}$　を変形すると

⬇

$\begin{matrix}4x+6y=1000\\4x+6y=700\end{matrix}$　となるわけで、

そんなことはありえないじゃろ

なみお君の体重は100kgであり70kgです、

とか言ってるようなもんじゃ

いやな例えだな…
じゃあ、どうすればいいんですか？
元から、問題文のような状態はありえないことになる
言い換えるとこの問題は解けない
解けないの!?
え～～っ
そんなの
詐欺だ～！
いや、正確にはこういう連立方程式を「不能」というんじゃ
不能
れっきとした数学用語じゃよ
詐欺じゃないのか
なんでスポットライト？

> 先ほどの3つの答えを整理すると次のようになる

問1 Aさんは鉛筆3本と消しゴム2個を買って310円支払い、Bさんは鉛筆4本と消しゴム3個を買って440円支払いました。鉛筆1本と消しゴム1個の値段をそれぞれ求めなさい。

答 鉛筆1本50円、消しゴム1個80円

問2 Aさんは鉛筆4本と消しゴム2個を買って400円支払い、Bさんは鉛筆6本と消しゴム3個を買って600円支払いました。鉛筆1本と消しゴム1個の値段をそれぞれ求めなさい。

答 不定（解はいっぱいある）

問3 Aさんは鉛筆2本と消しゴム3個を買って500円支払い、Bさんは鉛筆4本と消しゴム6個を買って700円支払いました。鉛筆1本と消しゴム1個の値段をそれぞれ求めなさい。

答 不能（解けない）

第4章　連立方程式を解いてみよう

問1 Aさんは鉛筆3本と消しゴム2個を買って310円支払い、Bさんは鉛筆4本と消しゴム3個を買って440円支払いました。鉛筆1本と消しゴム1個の値段をそれぞれ求めなさい。

答 鉛筆1本50円、消しゴム1個80円

▶▶▶《逆行列が存在する》

問2 Aさんは鉛筆4本と消しゴム2個を買って400円支払い、Bさんは鉛筆6本と消しゴム3個を買って600円支払いました。鉛筆1本と消しゴム1個の値段をそれぞれ求めなさい。

答 不定（解はいっぱいある）

▶▶▶《逆行列が存在しない》

問3 Aさんは鉛筆2本と消しゴム3個を買って500円支払い、Bさんは鉛筆4本と消しゴム6個を買って700円支払いました。鉛筆1本と消しゴム1個の値段をそれぞれ求めなさい。

答 不能（解けない）

▶▶▶《逆行列が存在しない》

ええ〜！
ど、どういうことなんですか？
そもそもxとyの2変数の連立方程式は、行列の形であらわすことができるんじゃ！

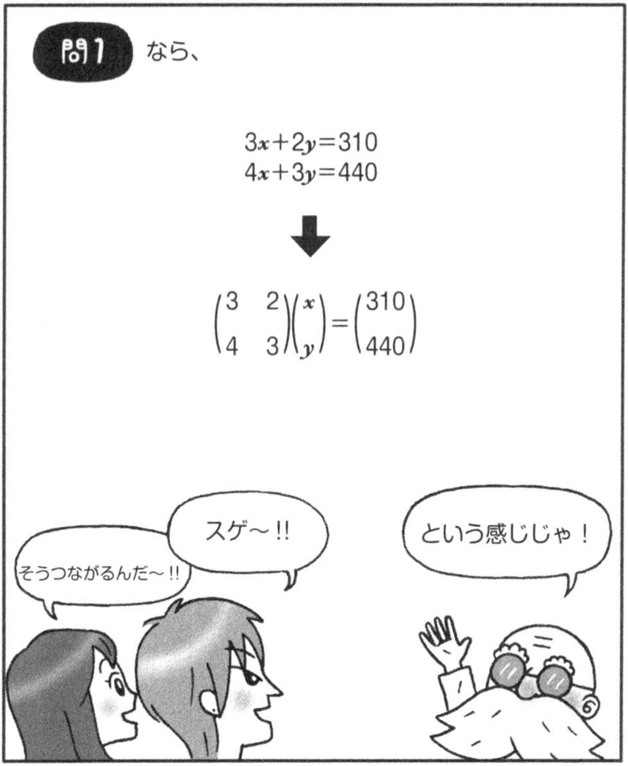
問1 なら、
$3x+2y=310$
$4x+3y=440$
$\begin{pmatrix} 3 & 2 \\ 4 & 3 \end{pmatrix}\begin{pmatrix} x \\ y \end{pmatrix}=\begin{pmatrix} 310 \\ 440 \end{pmatrix}$
という感じじゃ！
スゲ〜!!
そうつながるんだ〜!!

では、3問とも行列の形で連立方程式を書いてみたまえ

はい！

問1

$3x+2y=310$
$4x+3y=440$

⬇

$$\begin{pmatrix} 3 & 2 \\ 4 & 3 \end{pmatrix}\begin{pmatrix} x \\ y \end{pmatrix}=\begin{pmatrix} 310 \\ 440 \end{pmatrix}$$

問2

$4x+2y=400$
$6x+3y=600$

⬇

$$\begin{pmatrix} 4 & 2 \\ 6 & 3 \end{pmatrix}\begin{pmatrix} x \\ y \end{pmatrix}=\begin{pmatrix} 400 \\ 600 \end{pmatrix}$$

問3

$2x+3y=500$
$4x+6y=700$

⬇

$$\begin{pmatrix} 2 & 3 \\ 4 & 6 \end{pmatrix}\begin{pmatrix} x \\ y \end{pmatrix}=\begin{pmatrix} 500 \\ 700 \end{pmatrix}$$

よろしい

good!

できました！

第4章　連立方程式を解いてみよう

で、これらの行列の行列式を求めてみたまえ

はい！

問1

$$\begin{vmatrix} 3 & 2 \\ 4 & 3 \end{vmatrix} = 3 \times 3 - 2 \times 4 = 1$$

問2

$$\begin{vmatrix} 4 & 2 \\ 6 & 3 \end{vmatrix} = 4 \times 3 - 2 \times 6 = 0$$

問3

$$\begin{vmatrix} 2 & 3 \\ 4 & 6 \end{vmatrix} = 2 \times 6 - 3 \times 4 = 0$$

ええ～!!

おお～!!

わかったかな

絶対にそうなんですか？

絶対に「行列式が0ならば、その連立方程式の解は不定か不能」だって言えるんですか？

そう、言えるんじゃよ 例えば問1の場合逆行列が存在するんだったら、まず逆行列を求めてみよう

はい！

それは前の章でいっぱい練習したからすぐできますよ

こうなります

$A = \begin{pmatrix} 3 & 2 \\ 4 & 3 \end{pmatrix}$ とすると、

$A^{-1} = \dfrac{1}{1}\begin{pmatrix} 3 & -2 \\ -4 & 3 \end{pmatrix}$

$= \begin{pmatrix} 3 & -2 \\ -4 & 3 \end{pmatrix}$

よろしい これを元の連立方程式の両辺に左からかけ算してみたまえ

第4章 連立方程式を解いてみよう

$$\begin{pmatrix} 3 & -2 \\ -4 & 3 \end{pmatrix}\begin{pmatrix} 3 & 2 \\ 4 & 3 \end{pmatrix}\begin{pmatrix} x \\ y \end{pmatrix} = \begin{pmatrix} 3 & -2 \\ -4 & 3 \end{pmatrix}\begin{pmatrix} 310 \\ 440 \end{pmatrix}$$

※ここは元の行列と逆行列をかけ算するので、単位行列となってかけ算しても値が変わらない

$$\begin{pmatrix} x \\ y \end{pmatrix} = \begin{pmatrix} 3 \times 310 - 2 \times 440 \\ -4 \times 310 + 3 \times 440 \end{pmatrix}$$

$$= \begin{pmatrix} 50 \\ 80 \end{pmatrix}$$

うっそ〜!

かんどー!!

えっ……!

すなわち、逆行列を求めてかけ算をすれば、元の連立方程式の解が自動的に出てくるというわけじゃ

まぁ計算そのものは大変なこともあるがね

ハイ!

どうじゃ 連立方程式を行列で解く方法はわかったかな？

ハイ！もうバッチリです

私も大丈夫です でも……

でも…… なんじゃ!?

連立方程式を解くときって行列なんて使わなくても普通に解いた方が簡単に思えるんですが……
行列を使うメリットってあるんですか？

そういわれれば……連立方程式解くときに面倒なことを考えたりしなくていいからオレは行列も悪くないな

確かに、簡単な連立方程式を解くときなどは行列を使う方が面倒な場合もある
例えば、

96

第4章　連立方程式を解いてみよう

$5x+3y=500$

$5x+2y=450$

この連立方程式なら、
上の式から下の式を引いて、
$y=50$
元の式に代入して、
$5x=350$
$x=70$
というふうにすぐ答えが出てくるわな

そうなんですよ〜
行列のやり方だったら
まず、元の式を行列の形に変えて
逆行列を求めて
それを両辺に左からかけ算して
……結構面倒ですよ

では、
お聞きしよう
次の連立方程式はどうじゃ？

これじゃ
0.71x＋3.7y＝39.5
0.53x＋8.3y＝46.1
ううう〜っ
こんなのできません！
できないことはないけど
する気も起こりません！
なみお君は
どうじゃ？
Zzz…
な、なみお君?!
大丈夫？
あ…
ああ
目開けたまま
寝るなんて…
すごい技を
体得した
ものじゃ
とりあえずなみお君
この連立方程式を解いてみたまえ
ハイ
ねぼけてる

第4章 連立方程式を解いてみよう

$$\begin{pmatrix}x\\y\end{pmatrix} = \frac{1}{3.932}\begin{pmatrix}8.3 & -3.7\\-0.53 & 0.71\end{pmatrix}\begin{pmatrix}39.5\\46.1\end{pmatrix}$$
$$= \cdots\cdots$$
$$= \begin{pmatrix}40\\3\end{pmatrix}$$

え〜っ
うそ〜っ

おお、見事じゃ

なみお君は寝てる方が力を発揮するのかの？

はーはっはっ!!

こんな計算できるなんて

スゴイ

要するにじゃな、計算機を使ったら
(8.3×39.5−3.7×46.1)÷3.932
なんていう計算も、
そんなに手間ではないということじゃ

なるほど〜！

第4章 連立方程式を解いてみよう

第4章　練習問題

次の連立方程式を行列の形に変形してから解いてみて下さい。

なお、解ける場合は、逆行列を使って解いて下さい。

また不定、不能の場合はそれぞれ「不定」「不能」と答えて下さい。

(1)　$3x - 6y = 105$
　　　$2x - 4y = 70$

(2)　$7x + 14y = 21$
　　　$5x + 15y = 25$

(3)　$6x + 15y = 33$
　　　$10x + 25y = 45$

(4)　$4x + 2y = 20$
　　　$3x + 2y = 16$

第4章 連立方程式を解いてみよう

解答
(1) $\begin{pmatrix} 3 & -6 \\ 2 & -4 \end{pmatrix} \begin{pmatrix} x \\ y \end{pmatrix} = \begin{pmatrix} 105 \\ 70 \end{pmatrix}$

ここで $\begin{vmatrix} 3 & -6 \\ 2 & -4 \end{vmatrix} = (-12) - (-12) = 0$ より

$\begin{pmatrix} 3 & -6 \\ 2 & -4 \end{pmatrix}$ の逆行列は存在しない。

$3x - 6y = 105$ の両辺を3で割ると、$x - 2y = 35$

$2x - 4y = 70$ も同じく、$x - 2y = 35$

すなわち、この連立方程式は「不定」。

方程式の解は、$x - 2y = 35$ を満たすすべての実数。

(2) $\begin{pmatrix} 7 & 14 \\ 5 & 15 \end{pmatrix} \begin{pmatrix} x \\ y \end{pmatrix} = \begin{pmatrix} 21 \\ 25 \end{pmatrix}$

ここで $\begin{vmatrix} 7 & 14 \\ 5 & 15 \end{vmatrix} = 7 \times 15 - 14 \times 5 = 35$ より

$\begin{pmatrix} 7 & 14 \\ 5 & 15 \end{pmatrix}^{-1} = \frac{1}{35} \begin{pmatrix} 15 & -14 \\ -5 & 7 \end{pmatrix}$

これを両辺に左からかけて

$\therefore \begin{pmatrix} x \\ y \end{pmatrix} = \frac{1}{35} \begin{pmatrix} 15 & -14 \\ -5 & 7 \end{pmatrix} \begin{pmatrix} 21 \\ 25 \end{pmatrix}$

$= \frac{1}{35} \begin{pmatrix} 15 \times 21 & -14 \times 25 \\ (-5) \times 21 & + 7 \times 25 \end{pmatrix}$

$= \begin{pmatrix} 3 \times 3 - 2 \times 5 \\ (-1) \times 3 + 1 \times 5 \end{pmatrix}$

$= \begin{pmatrix} -1 \\ 2 \end{pmatrix}$

(3) $\begin{pmatrix} 6 & 15 \\ 10 & 25 \end{pmatrix} \begin{pmatrix} x \\ y \end{pmatrix} = \begin{pmatrix} 33 \\ 45 \end{pmatrix}$

ここで $\begin{vmatrix} 6 & 15 \\ 10 & 25 \end{vmatrix} = 6 \times 25 - 15 \times 10 = 0$ より

$\begin{pmatrix} 6 & 15 \\ 10 & 25 \end{pmatrix}$ の逆行列は存在しない。

ここで、$6x + 15y = 33$ の両辺を3で割ると、
$$2x + 5y = 11 \quad \cdots ①$$
$10x + 25y = 45$ の両辺を5で割ると、
$$2x + 5y = 9 \quad \cdots ②$$
となり①と②で矛盾する。

∴ この連立方程式は「不能」。

(4) $\begin{pmatrix} 4 & 2 \\ 3 & 2 \end{pmatrix} \begin{pmatrix} x \\ y \end{pmatrix} = \begin{pmatrix} 20 \\ 16 \end{pmatrix}$

ここで $\begin{vmatrix} 4 & 2 \\ 3 & 2 \end{vmatrix} = 8 - 6 = 2$ より

$$\begin{pmatrix} 4 & 2 \\ 3 & 2 \end{pmatrix}^{-1} = \frac{1}{2} \begin{pmatrix} 2 & -2 \\ -3 & 4 \end{pmatrix}$$

これを両辺に左からかけて

$$\therefore \begin{pmatrix} x \\ y \end{pmatrix} = \frac{1}{2} \begin{pmatrix} 2 & -2 \\ -3 & 4 \end{pmatrix} \begin{pmatrix} 20 \\ 16 \end{pmatrix} = \frac{1}{2} \begin{pmatrix} 8 \\ 4 \end{pmatrix} = \begin{pmatrix} 4 \\ 2 \end{pmatrix}$$

「第4章 連立方程式を解いてみよう」のまとめ

連立方程式が解ける	⇔	行列式は0でない
連立方程式が不定かもしくは不能	⇔	行列式は0

一次の連立方程式を見たら、それは必ず行列の形にすることができます。そしてその両辺に行列の逆行列を左からかけ算したら、その方程式を解くことができます。

言い換えると、一次の連立方程式を行列の形にしたときに、その行列の逆行列が存在したら、連立方程式は解くことができるし、逆行列が存在しなければ、その連立方程式は解けない（不定、不能）ということがわかるのです。

そう考えると、一次の連立方程式と、それを行列で表した際の行列式というのは、表裏一体の関係にあることがわかります。

ともかく、上の関係を押さえておいて、さらに、連立方程式が不定な場合と不能な場合は、元の連立方程式をよく見ればわかるということを覚えておきましょう。

第5章　一次変換を調べよう

行列を勉強する際にもう一つの重要な概念として
一次変換
一次変換というのがあるんじゃ
今日の約束一時(いちじ)にせーへんか?
今日の約束一時(いちじ)は変か?
今日の約束一時(いちじ)じゃなよし!
って…
ばっかも〜ん!!
博士、ツッコム前にボケる手法を覚えましたね
今から漫才デビューできるかも!?
フフ

第5章 一次変換を調べよう

今はやりのブラックホールとかそんな感じ?

お、いいこと言うね
イメージとしては
そういう話とも少し関連がある話じゃ

その前に……

その前に?

見せたいものがある

外に出よう

カチャッ

外?

どこへ行くんだ?

見せたいものって何だろう〜

ワクワク

まぁ、黙ってついてきたまえ

ほっほっ

第 5 章　一次変換を調べよう

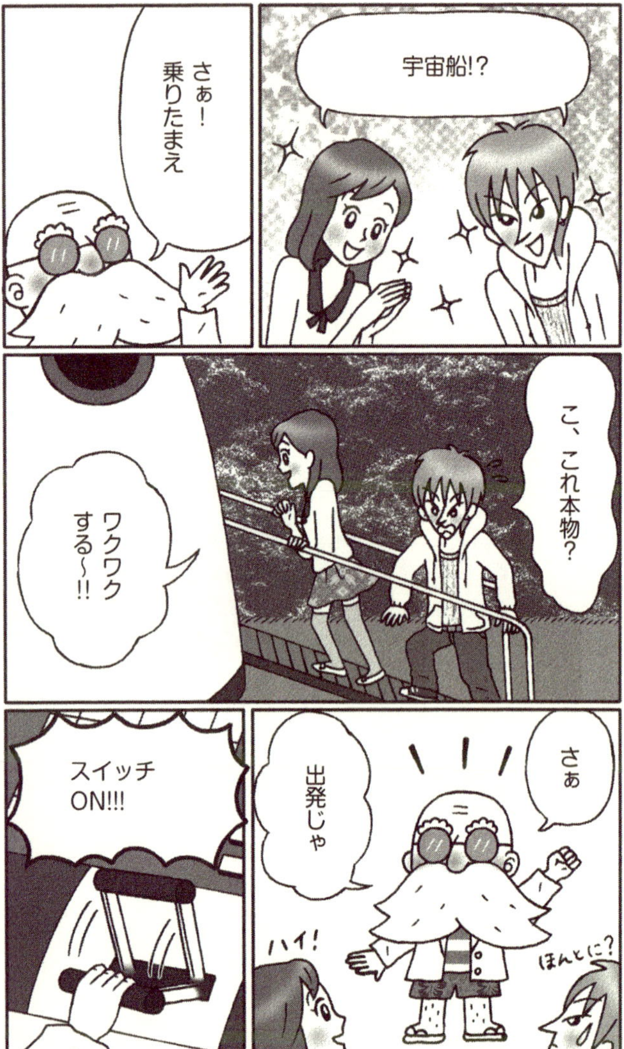

宇宙船!?
さぁ！乗りたまえ
こ、これ本物？
ワクワクする〜!!
さぁ
出発じゃ
ハイ！
ほんとに？
スイッチON!!!

第 5 章　一次変換を調べよう

博士　スゲ～!!
でも宇宙ってこんなに簡単に行けるの?
あまり難しいことは考えるな
とりあえずこれが宇宙じゃ
アレ?　博士いつの間に宇宙服に
わぁ!!　オレらも宇宙服になってる!!
宇宙ってこんな感じなのね～
あ!!　北斗七星だわ!!
ふわ
ふわ
さて、このあたりで止めるかの
ウィン…
ところで本題じゃ
xy座標平面はわかるね?

第5章 一次変換を調べよう

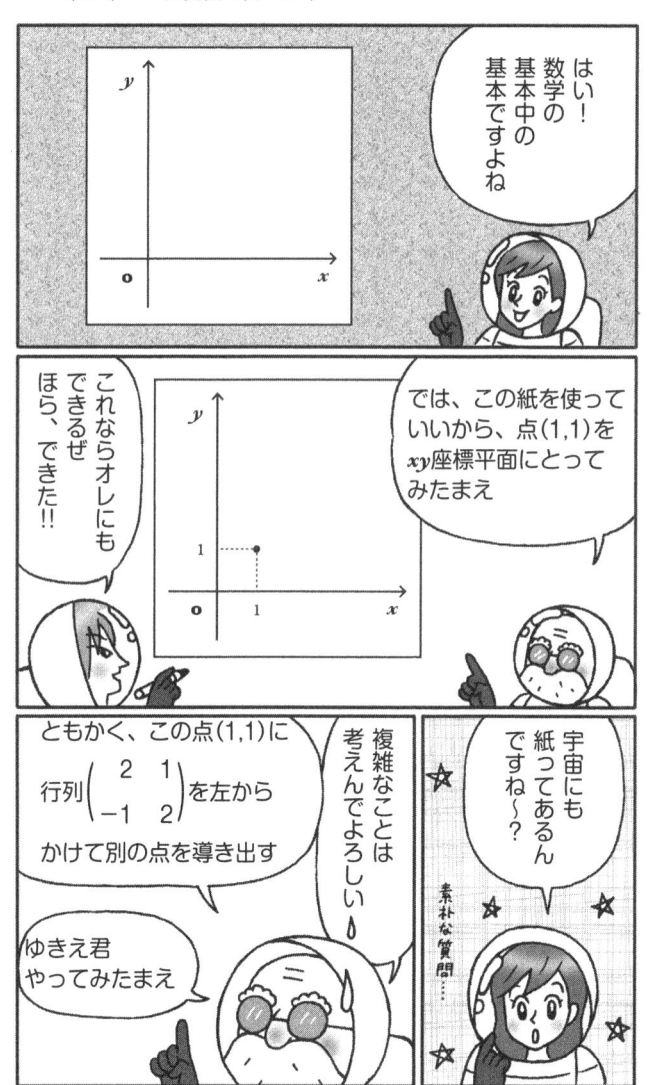

はい！数学の基本中の基本ですよね

では、この紙を使っていいから、点(1,1)を xy 座標平面にとってみたまえ

これならオレにもできるぜ ほら、できた!!

宇宙にも紙ってあるんですね～？

素朴な質問……

ともかく、この点(1,1)に行列 $\begin{pmatrix} 2 & 1 \\ -1 & 2 \end{pmatrix}$ を左からかけて別の点を導き出す

複雑なことは考えんでよろしい

ゆきえ君やってみたまえ

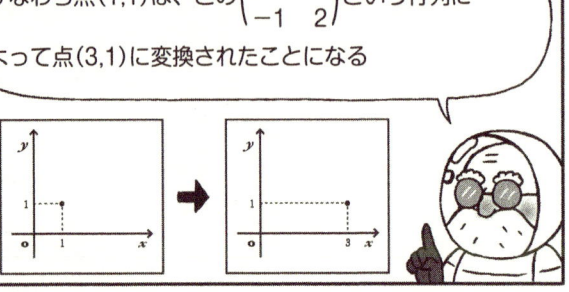

点(1,1)を2×1行列 $\binom{1}{1}$ と考えて、行列を左からかけて出てくるのが新しい座標じゃ

……というと？

こんな計算ですか？

$$\begin{pmatrix} 2 & 1 \\ -1 & 2 \end{pmatrix}\begin{pmatrix} 1 \\ 1 \end{pmatrix} = \begin{pmatrix} 3 \\ 1 \end{pmatrix}$$

点(3,1)が出てきます

よろしい！
すなわち点(1,1)は、この $\begin{pmatrix} 2 & 1 \\ -1 & 2 \end{pmatrix}$ という行列によって点(3,1)に変換されたことになる

ヘンカン？
そうじゃ
変換じゃ……変か？
さっきの問題のように
ある点を行列で別の点に
移すことを
「一次変換」
と呼ぶんじゃ
ププ……言うと思った
なるほど～
博士
なんか、その名前聞いたことがあります
教科書に載ってたような～
教科書
線形代数の大きなトピックの一つでもあるからのぅ
おっとっと…
くるりんっ

どうして「一次」なんですか？

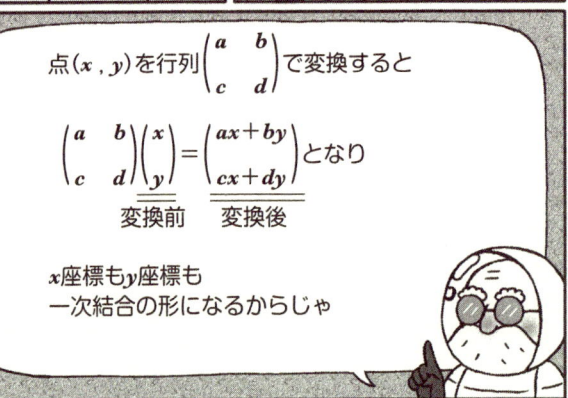

おっ！グッドクエスチョン!!

点(x, y)を行列$\begin{pmatrix} a & b \\ c & d \end{pmatrix}$で変換すると

$$\begin{pmatrix} a & b \\ c & d \end{pmatrix}\begin{pmatrix} x \\ y \end{pmatrix} = \begin{pmatrix} ax+by \\ cx+dy \end{pmatrix} となり$$

<u>変換前</u> <u>変換後</u>

x座標もy座標も
一次結合の形になるからじゃ

一次結合ってなんでしたっけ？

$ax+by$というような形の式を「一次結合」と呼ぶんじゃよ

別名「線形結合」とも呼ぶ

axとbyの2つのロケットが結合したみたいな式ですね～
ステキ♡
ロマンを感じる
まぁ、そういうふうに見えんこともないわな
博士はなんでも知ってますね～
さすが!!
ところが!!
わあっ
び……びっくりした～
プカ
一次変換というのは単に1点を変換するだけのものじゃないんじゃ
プカ
プカ
ど、どういうことです?
プカ
うんとねー
プカ

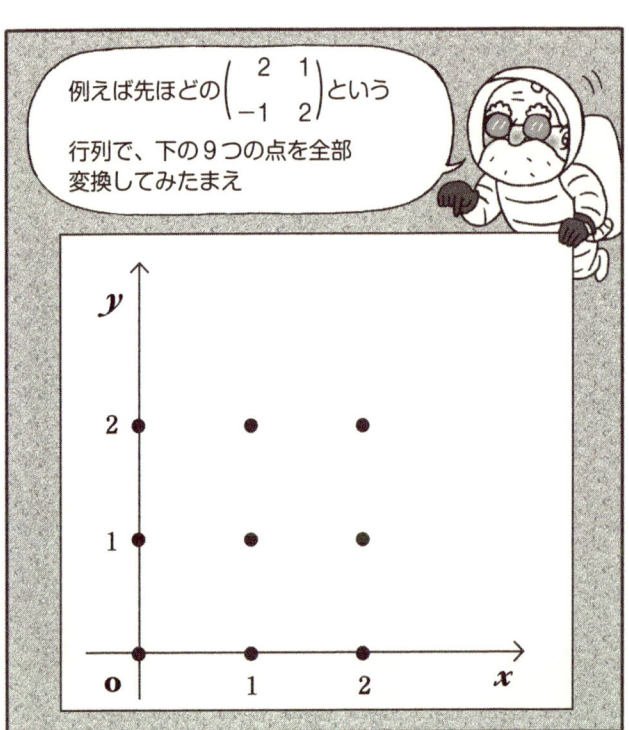

例えば先ほどの $\begin{pmatrix} 2 & 1 \\ -1 & 2 \end{pmatrix}$ という行列で、下の9つの点を全部変換してみたまえ

9つ全部やるんですか!?
面倒くさいな〜

私がやるわ!!
よろしく!!

第5章 一次変換を調べよう

$$\begin{pmatrix} 2 & 1 \\ -1 & 2 \end{pmatrix}\begin{pmatrix} 0 \\ 0 \end{pmatrix} = \begin{pmatrix} 0 \\ 0 \end{pmatrix} \qquad \begin{pmatrix} 2 & 1 \\ -1 & 2 \end{pmatrix}\begin{pmatrix} 1 \\ 0 \end{pmatrix} = \begin{pmatrix} 2 \\ -1 \end{pmatrix}$$

$$\begin{pmatrix} 2 & 1 \\ -1 & 2 \end{pmatrix}\begin{pmatrix} 2 \\ 0 \end{pmatrix} = \begin{pmatrix} 4 \\ -2 \end{pmatrix} \qquad \begin{pmatrix} 2 & 1 \\ -1 & 2 \end{pmatrix}\begin{pmatrix} 0 \\ 1 \end{pmatrix} = \begin{pmatrix} 1 \\ 2 \end{pmatrix}$$

$$\begin{pmatrix} 2 & 1 \\ -1 & 2 \end{pmatrix}\begin{pmatrix} 1 \\ 1 \end{pmatrix} = \begin{pmatrix} 3 \\ 1 \end{pmatrix} \qquad \begin{pmatrix} 2 & 1 \\ -1 & 2 \end{pmatrix}\begin{pmatrix} 2 \\ 1 \end{pmatrix} = \begin{pmatrix} 5 \\ 0 \end{pmatrix}$$

$$\begin{pmatrix} 2 & 1 \\ -1 & 2 \end{pmatrix}\begin{pmatrix} 0 \\ 2 \end{pmatrix} = \begin{pmatrix} 2 \\ 4 \end{pmatrix} \qquad \begin{pmatrix} 2 & 1 \\ -1 & 2 \end{pmatrix}\begin{pmatrix} 1 \\ 2 \end{pmatrix} = \begin{pmatrix} 4 \\ 3 \end{pmatrix}$$

$$\begin{pmatrix} 2 & 1 \\ -1 & 2 \end{pmatrix}\begin{pmatrix} 2 \\ 2 \end{pmatrix} = \begin{pmatrix} 6 \\ 2 \end{pmatrix}$$

できました

うわ〜っ
こういう単純計算
オレ苦手〜

そんなに難しくないよ〜

じゃあ次はなみお君

変換して出てきた9つの点をxy座標平面に描き込んでみてくれ

やってみます……

え〜っと

え……

……

どうしたの？

な、なんかきれい……

きれい？

ほら

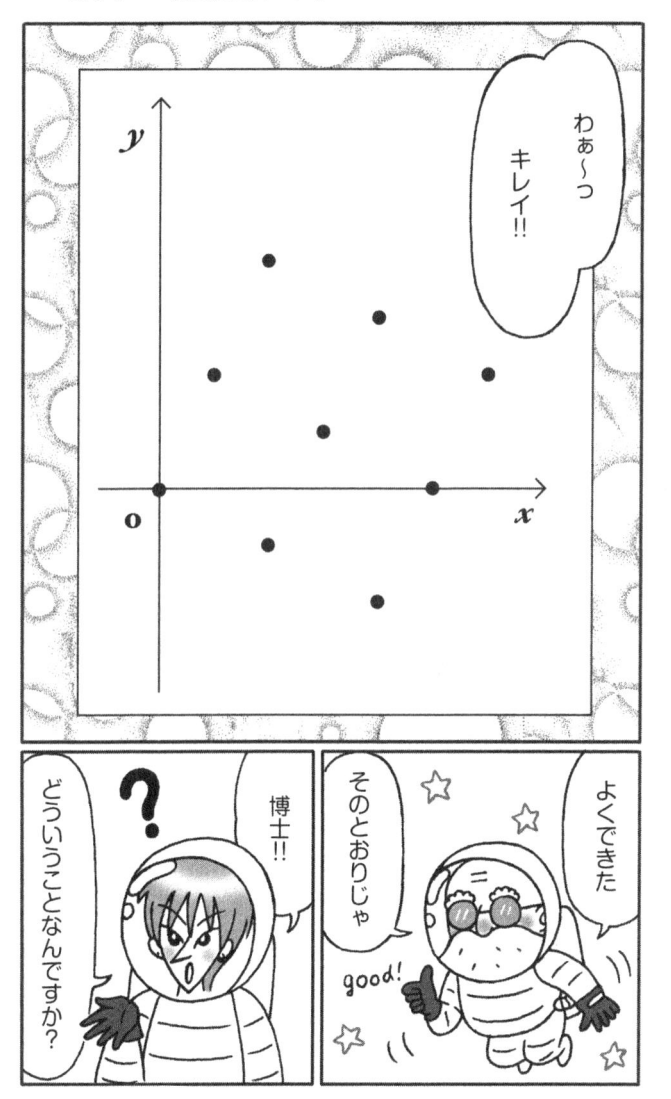

第5章　一次変換を調べよう

要するに
一次変換は点を変換するというより……
というより～？
空間を変換するのじゃ！
フワ
フワ
空間を……
へ……変換!?
↑平泳ぎのつもり
そうじゃ
だからもともとまっすぐだった世界がすべてゆがんだりする
アレレ～
ふ～わぁ
宇宙空間が
ゆがむんですか？

第5章　一次変換を調べよう

さっき描いた9つの点の紙をロケットの外に放り出してみたまえ
排出孔
えっ!?
そんなことしちゃっていいんですか?
排出孔
こ、こうですか?
ドキドキ
ガ
シャッ
ほれ外を見てみ
お、お〜!
なんか紙がゆがんでます〜!

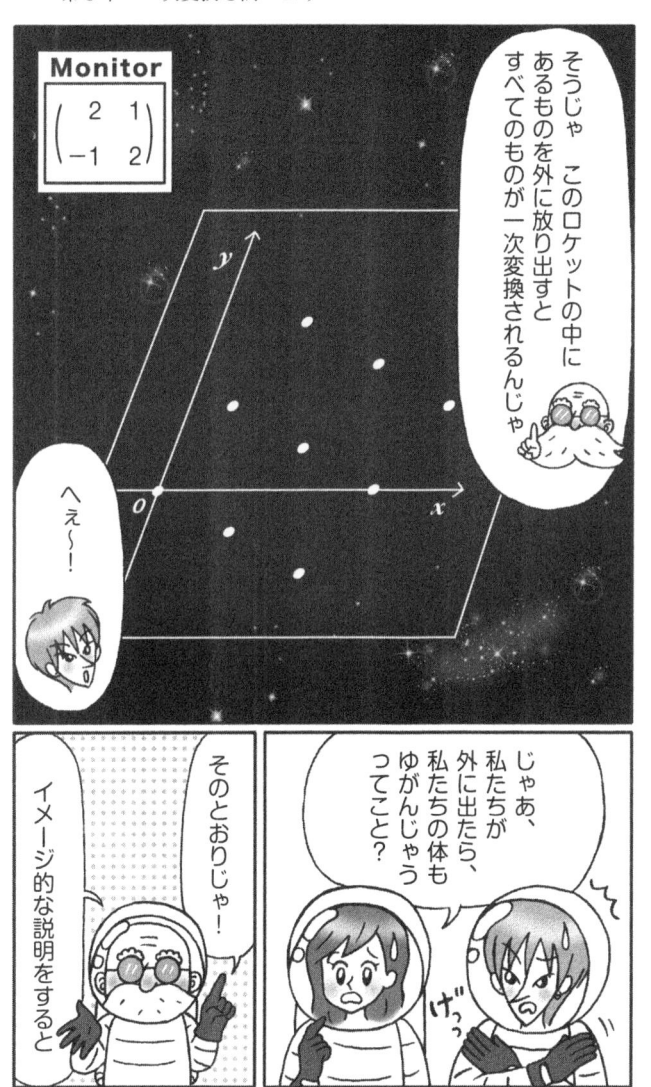

第5章　一次変換を調べよう

ナイロンの上に何らかの地図を描いて
そのナイロンをいろんな方向に伸び縮みさせると……
元々の絵がゆがむがそれと一緒なんじゃ
ほんとだ～ゆがんでるわ～
びよーん
びよーん
おおっ

第5章　一次変換を調べよう

$$\begin{pmatrix}2&1\\4&2\end{pmatrix}\begin{pmatrix}0\\0\end{pmatrix}=\begin{pmatrix}0\\0\end{pmatrix} \qquad \begin{pmatrix}2&1\\4&2\end{pmatrix}\begin{pmatrix}1\\0\end{pmatrix}=\begin{pmatrix}2\\4\end{pmatrix}$$

$$\begin{pmatrix}2&1\\4&2\end{pmatrix}\begin{pmatrix}2\\0\end{pmatrix}=\begin{pmatrix}4\\8\end{pmatrix} \qquad \begin{pmatrix}2&1\\4&2\end{pmatrix}\begin{pmatrix}0\\1\end{pmatrix}=\begin{pmatrix}1\\2\end{pmatrix}$$

$$\begin{pmatrix}2&1\\4&2\end{pmatrix}\begin{pmatrix}1\\1\end{pmatrix}=\begin{pmatrix}3\\6\end{pmatrix} \qquad \begin{pmatrix}2&1\\4&2\end{pmatrix}\begin{pmatrix}2\\1\end{pmatrix}=\begin{pmatrix}5\\10\end{pmatrix}$$

$$\begin{pmatrix}2&1\\4&2\end{pmatrix}\begin{pmatrix}0\\2\end{pmatrix}=\begin{pmatrix}2\\4\end{pmatrix} \qquad \begin{pmatrix}2&1\\4&2\end{pmatrix}\begin{pmatrix}1\\2\end{pmatrix}=\begin{pmatrix}4\\8\end{pmatrix}$$

$$\begin{pmatrix}2&1\\4&2\end{pmatrix}\begin{pmatrix}2\\2\end{pmatrix}=\begin{pmatrix}6\\12\end{pmatrix}$$

*xy*座標平面上に点をとってみると

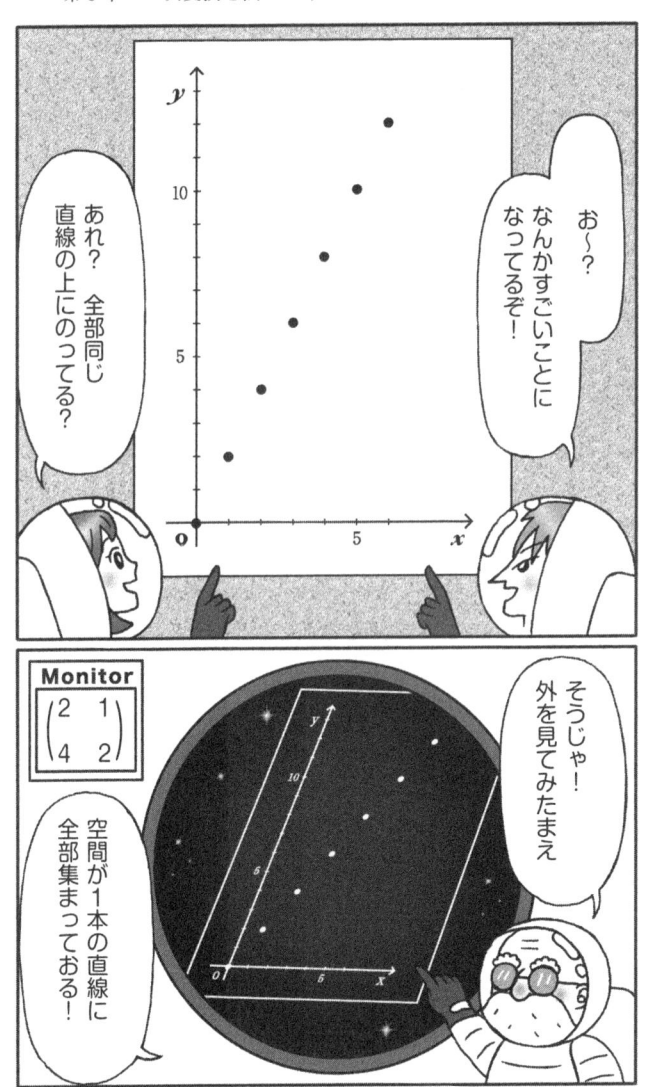

第5章　一次変換を調べよう

おお〜！

なんか窮屈そう

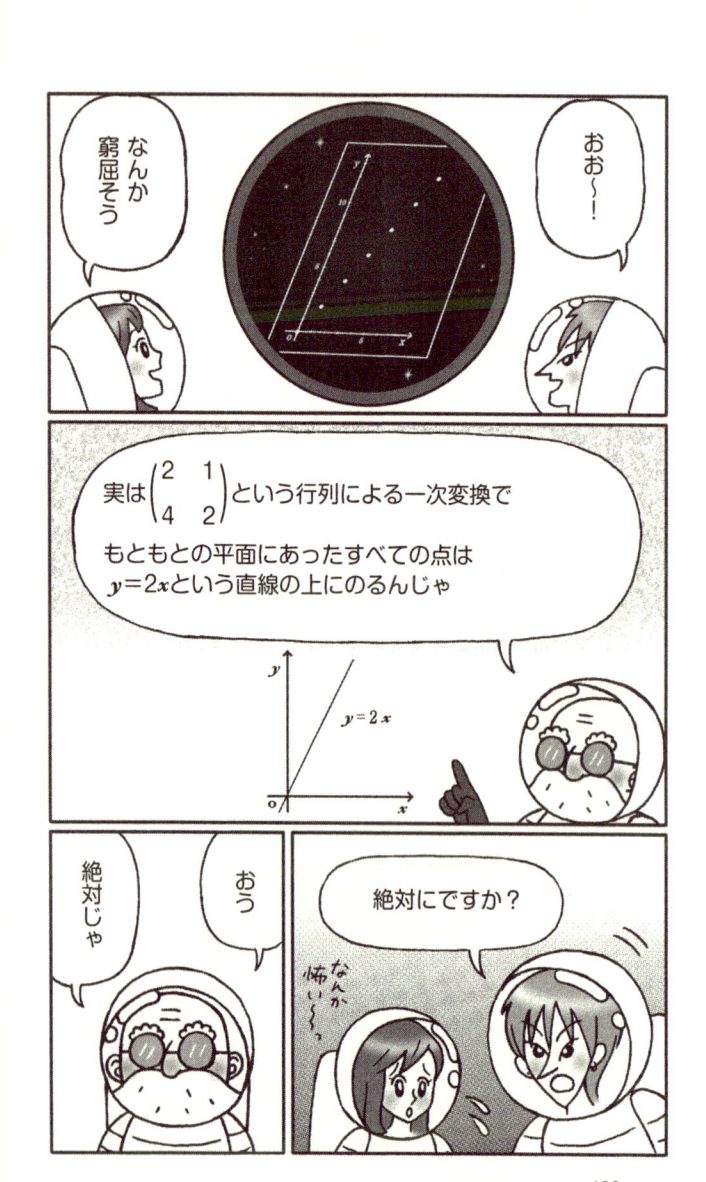

実は $\begin{pmatrix} 2 & 1 \\ 4 & 2 \end{pmatrix}$ という行列による一次変換でもともとの平面にあったすべての点は $y=2x$ という直線の上にのるんじゃ

絶対にですか？

おう

絶対じゃ

なんか怖い〜

第5章　一次変換を調べよう

例えば
(100000, −123456)
とかもですか？

おう、信じられないならやってみるがよい

$$\begin{pmatrix} 2 & 1 \\ 4 & 2 \end{pmatrix}\begin{pmatrix} 100000 \\ -123456 \end{pmatrix} = \begin{pmatrix} 76544 \\ 153088 \end{pmatrix}$$

で、76544×2を計算すると……

本当かな〜

おお〜っ!!
確かに153088だ！

```
   76544
×      2
 ───────
  153088
```

当たり前じゃろ!!
xy座標平面上のすべての点が
$y=2x$の上に移動すると
言っておるんじゃから

ってことは、今オレたちがロケットの外にでてたら、オレたちもあの線になっちゃうってことですね

平面が直線に移動るっていうことは……

その直線の上に移動する点はあっても、それ以外の点に移動する点は存在しないのですね

おお、素晴らしいことに気がついた

う、ううぅっ……

そのとおりじゃ

は、博士

ど……どうしたんですか？

え？泣いてる？

第5章　一次変換を調べよう

だ、だから、かつ解のない連立方程式が、そ、存在するのじゃうぅ……

うえーん

は〜？

この式をよく見てみたまえ

$$\begin{pmatrix} 2 & 1 \\ 4 & 2 \end{pmatrix} \begin{pmatrix} x \\ y \end{pmatrix} = \begin{pmatrix} \bigcirc \\ \triangle \end{pmatrix}$$

ぐすんっ

(x, y)がどんな点でも必ずその変換された点$(\bigcirc, \triangle)$は$2\bigcirc = \triangle$を満たす

はぁ……

言い換えると、もしもこの$\bigcirc$と$\triangle$が$2\bigcirc = \triangle$を満たしていなければこの式を満たすxとyは存在しないのじゃ

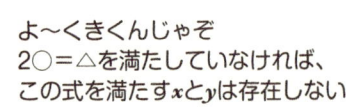

よ〜くきくんじゃぞ
2○＝△を満たしていなければ、
この式を満たすxとyは存在しない

$$\begin{pmatrix} 2 & 1 \\ 4 & 2 \end{pmatrix} \begin{pmatrix} x \\ y \end{pmatrix} = \begin{pmatrix} \bigcirc \\ \triangle \end{pmatrix}$$

すなわち
この連立方程式は解なし、
ということになる

なんか
難しいです〜

要するに……

第5章 一次変換を調べよう

この一次変換であの線の上にない点に移動する点はないそういうことですね！

なんか宇宙空間に出てから頭がすごく回るぞ〜！

そうじゃ！なみお君冴えてるのう！

ところで、こんなふうに一次変換で元々平面だったものが直線に変換されるのはどういうときかというと

それがまさに、行列式＝0のときなのじゃ！

ほれ、見たまえ、現在の行列式メーターが0をさしておる

行列式メーター
-2 -1 0 1 2

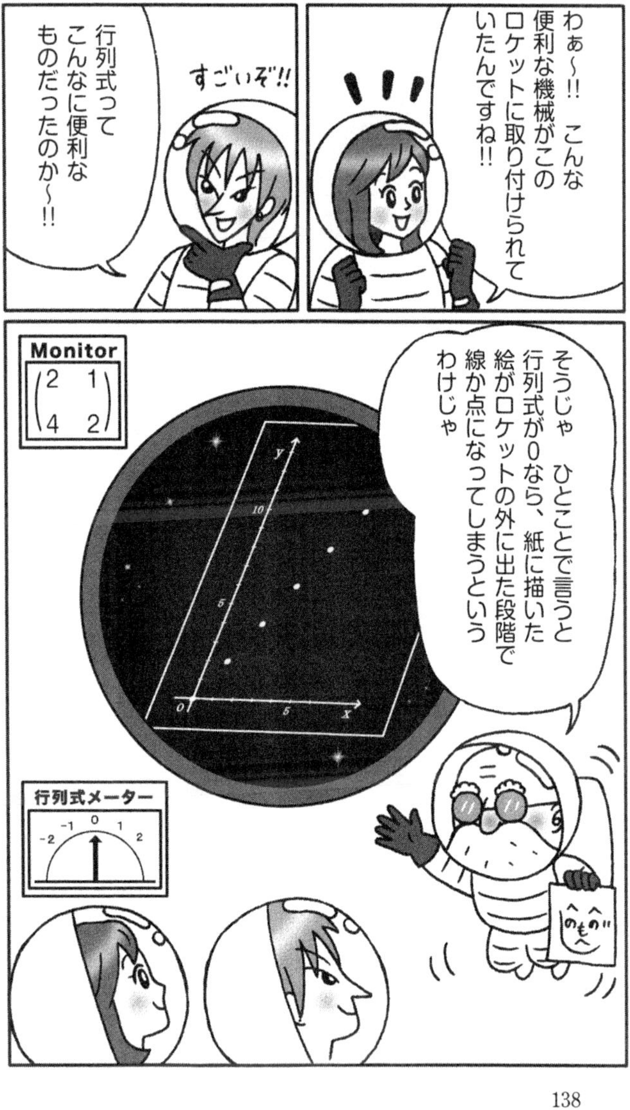
わぁ～!! こんな便利な機械がこのロケットに取り付けられていたんですね!!
すごいぞ!!
行列式ってこんなに便利なものだったのか～!!
そうじゃ ひとことで言うと行列式が0なら、紙に描いた絵がロケットの外に出た段階で線か点になってしまうというわけじゃ
Monitor
$\begin{pmatrix} 2 & 1 \\ 4 & 2 \end{pmatrix}$
y
10
5
0
5
x
行列式メーター
-2 -1 0 1 2
へのへのもへじ

第5章　一次変換を調べよう

> そもそも2×2行列の行列式をよく見てみると……

$\begin{pmatrix} a & b \\ c & d \end{pmatrix}$ において $ad-bc=0$ のとき、

$$ad-bc=0$$
$$ad=bc$$

ここで両辺を bd（$bd \neq 0$ とする）で割ると

$$\frac{a}{b}=\frac{c}{d}$$

> すなわち、言い換えると $a:b=c:d$ となり
> 上の行と下の行の比が同じときに
> そういうことが起こることがわかるんじゃ

なるほどー!!

そんなわけで、まとめると次のとおりになる

■ 行列式が0ではないとき

（すなわち逆行列が存在するとき）

・その連立方程式は解が１通りだけ存在する
・一次変換は平面を平面に変換する

■ 行列式が0のとき

（すなわち逆行列が存在しないとき）

・その連立方程式は解が無数に存在する or存在しない
・一次変換は平面を直線や点に変換する

第5章 一次変換を調べよう

第5章 練習問題

本文でも出てきた、下図の9つの点を、次の3つの行列でそれぞれ変換してみて、9つの点がどのような点に移動するかxy座標平面上に図示してみて下さい。またxy座標平面全体がどのような図形に変換されるのかも考えてみて下さい。

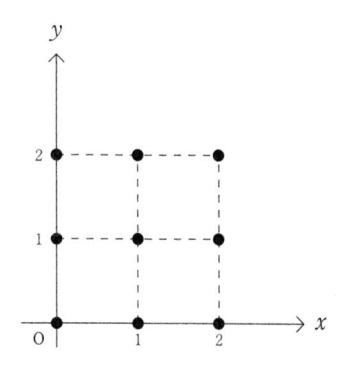

(1) $\begin{pmatrix} 3 & 1 \\ -1 & 3 \end{pmatrix}$ (2) $\begin{pmatrix} 6 & 3 \\ 2 & 1 \end{pmatrix}$ (3) $\begin{pmatrix} 1 & -1 \\ -1 & 1 \end{pmatrix}$

第5章 一次変換を調べよう

解答

(1) $\begin{pmatrix} 3 & 1 \\ -1 & 3 \end{pmatrix}\begin{pmatrix} 0 \\ 0 \end{pmatrix} = \begin{pmatrix} 0 \\ 0 \end{pmatrix}$ $\begin{pmatrix} 3 & 1 \\ -1 & 3 \end{pmatrix}\begin{pmatrix} 1 \\ 0 \end{pmatrix} = \begin{pmatrix} 3 \\ -1 \end{pmatrix}$

$\begin{pmatrix} 3 & 1 \\ -1 & 3 \end{pmatrix}\begin{pmatrix} 2 \\ 0 \end{pmatrix} = \begin{pmatrix} 6 \\ -2 \end{pmatrix}$ $\begin{pmatrix} 3 & 1 \\ -1 & 3 \end{pmatrix}\begin{pmatrix} 0 \\ 1 \end{pmatrix} = \begin{pmatrix} 1 \\ 3 \end{pmatrix}$

$\begin{pmatrix} 3 & 1 \\ -1 & 3 \end{pmatrix}\begin{pmatrix} 1 \\ 1 \end{pmatrix} = \begin{pmatrix} 4 \\ 2 \end{pmatrix}$ $\begin{pmatrix} 3 & 1 \\ -1 & 3 \end{pmatrix}\begin{pmatrix} 2 \\ 1 \end{pmatrix} = \begin{pmatrix} 7 \\ 1 \end{pmatrix}$

$\begin{pmatrix} 3 & 1 \\ -1 & 3 \end{pmatrix}\begin{pmatrix} 0 \\ 2 \end{pmatrix} = \begin{pmatrix} 2 \\ 6 \end{pmatrix}$ $\begin{pmatrix} 3 & 1 \\ -1 & 3 \end{pmatrix}\begin{pmatrix} 1 \\ 2 \end{pmatrix} = \begin{pmatrix} 5 \\ 5 \end{pmatrix}$

$\begin{pmatrix} 3 & 1 \\ -1 & 3 \end{pmatrix}\begin{pmatrix} 2 \\ 2 \end{pmatrix} = \begin{pmatrix} 8 \\ 4 \end{pmatrix}$

これらをxy座標平面にプロットすると、

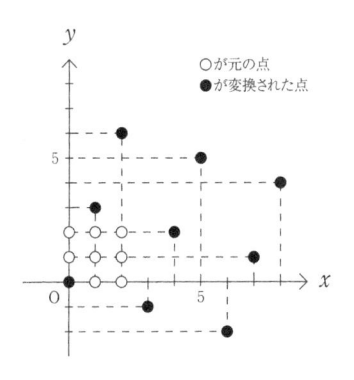

すなわち、下図のように、拡大・回転した図形になると考えられる。

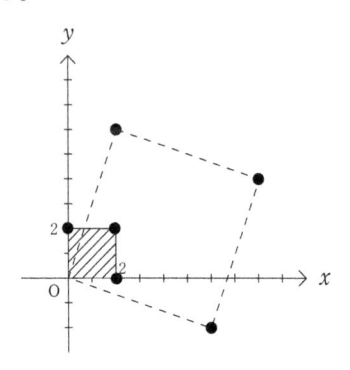

(2) (1)と同様に9つの点を変換すると、それぞれ

$\begin{pmatrix}0\\0\end{pmatrix}$、$\begin{pmatrix}6\\2\end{pmatrix}$、$\begin{pmatrix}12\\4\end{pmatrix}$、$\begin{pmatrix}3\\1\end{pmatrix}$、$\begin{pmatrix}9\\3\end{pmatrix}$、$\begin{pmatrix}15\\5\end{pmatrix}$、$\begin{pmatrix}6\\2\end{pmatrix}$、$\begin{pmatrix}12\\4\end{pmatrix}$、$\begin{pmatrix}18\\6\end{pmatrix}$ となり、xy座標平面にプロットすると、

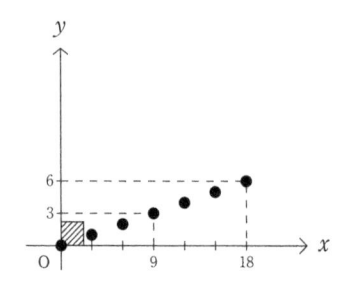

第5章　一次変換を調べよう

図からわかるように直線$y=\frac{1}{3}x$上に集まる。すなわち、平面上の点はすべて$y=\frac{1}{3}x$上に集まると考えられる。

(3) (1)と同様に9つの点を変換すると、それぞれ

$$\begin{pmatrix}0\\0\end{pmatrix}、\begin{pmatrix}1\\-1\end{pmatrix}、\begin{pmatrix}2\\-2\end{pmatrix}、\begin{pmatrix}-1\\1\end{pmatrix}、\begin{pmatrix}0\\0\end{pmatrix}、\begin{pmatrix}1\\-1\end{pmatrix}、$$

$\begin{pmatrix}-2\\2\end{pmatrix}$、$\begin{pmatrix}-1\\1\end{pmatrix}$、$\begin{pmatrix}0\\0\end{pmatrix}$ となり、xy座標平面にプロットすると、

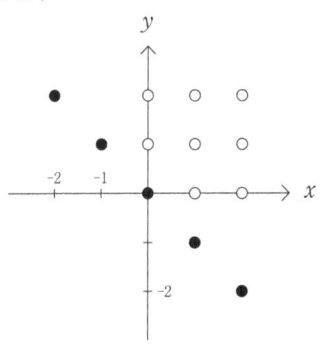

図からわかるように直線$y=-x$上に集まる。よって平面上の点はすべて$y=-x$上に集まると考えられる。

145

「第5章　一次変換を調べよう」のまとめ

ある点に行列をかけ算することで、その点を別の点に移動させることができます。この移動のことを「一次変換」と言います。「一次」というのは「線形」と同じことです。各変数の一次式の形で表される変形なので、「一次変換」と言います。「線形変換」と呼んでも構いません。

一次変換の場合、一つ一つの点を変換することも大切ですが、それ以上に点の集合としての、線や平面を変換することで、どのように元の図形が移動するのか、ということを調べてみることが重要です。

で、実は一次変換と、それを表す行列の行列式が、やはり対応しているのです。すなわち、xy座標平面の場合、その一次変換を表す行列は2×2になり、上の表のようになるというわけです。

一次変換	行列式
平面→平面	0でない
平面→直線	0

本文では紹介しませんでしたが、逆変換も存在します。すなわち、ある点Pが一次変換で点Qに移動したとすれば、逆変換では点Qを点Pに

第5章 一次変換を調べよう

変換します。この際に、平面→平面の一次変換の場合、逆変換が存在し、平面→直線の一次変換の場合、逆変換が存在しないことになります。これも、行列の形で言えば、行列式が0かどうか、すなわち逆行列が存在するかしないかで判断できます。

第6章 固有値と固有ベクトルを求めよう

宇宙……
すごかったなぁ……

ボ〜〜っ
宇宙ボケ

宇宙に行ったんだよね？私たち……

うん、たぶん

ところで博士〜

よろよろ

はいなっ!!

さっき一次変換で世界が変わる、なんて話があったじゃないですか

一次変換すると世界が一定の方向にゆがむんだって

はいはい

ウロウロ

博士元気ですね〜

ほんと元気だなぁ宇宙慣れしてんのかな

一次変換した世界を
さらに一次変換したら、
もっとゆがむんですか?
あ～確かに!
どんどんゆがんでいって
目に見えないような
世界になっちゃうのかな?
おお～
よいところをつくの
ちょうどその話をしよう
と思っていたとこじゃ
みんな考える
ことは同じなのね
だな
一次変換した世界をさらに
一次変換したら……
1+1=2で「二次変換」に
なるのかな?
1+1=2
はっはっはっ
それは面白い
発想じゃ

そうなんですか？

納得いかないなぁ

先に結論を言ってしまうと、残念ながら一次変換を何回やっても、結局は一次変換なのじゃ

その前にっと

その前に？

じゃあ、ここで一次変換を何回もする話を考えてみよう

よいしょ

HCとかCHとか、聞いたことはあるかな？

HC　CH

第6章 固有値と固有ベクトルを求めよう

あ〜きっとそんな感じかな

線からはみ出ると蹴りが入れられるってやつ?

ちゃうわーい!!

あ〜……きっとそうだと思ってました

わ、私も〜

ベクトルと行列のことについて偉大なる業績を残したケーリー先生とハミルトン先生に、何ちゅー失礼なことを言っておるのじゃ!

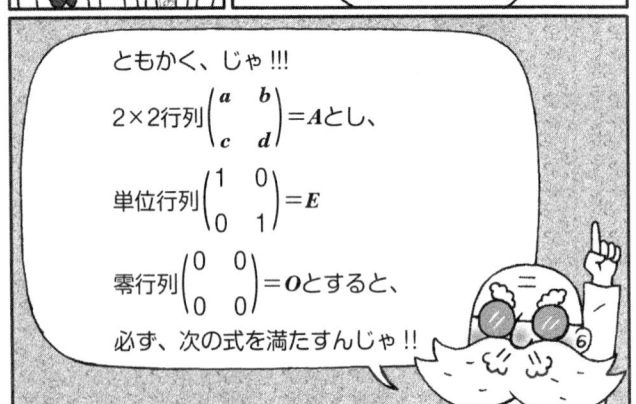

ともかく、じゃ!!!

2×2 行列 $\begin{pmatrix} a & b \\ c & d \end{pmatrix} = A$ とし、

単位行列 $\begin{pmatrix} 1 & 0 \\ 0 & 1 \end{pmatrix} = E$

零行列 $\begin{pmatrix} 0 & 0 \\ 0 & 0 \end{pmatrix} = O$ とすると、

必ず、次の式を満たすんじゃ!!

じゃん!!
$A^2-(a+d)A+(ad-bc)E=O$
え、なに？なに？
何なんですか？この式……
左辺のAに$\begin{pmatrix} a & b \\ c & d \end{pmatrix}$を代入して変形してみたまえ
その前に、A^2って何なんですか？
A^2とは、
行列A 2個をかけ算する、という意味じゃ
すなわち、$A^2=AA$というわけじゃな
へ～
じゃあ、できそうかな

$$\begin{pmatrix} a & b \\ c & d \end{pmatrix}\begin{pmatrix} a & b \\ c & d \end{pmatrix} - (a+d)\begin{pmatrix} a & b \\ c & d \end{pmatrix} + (ad-bc)\begin{pmatrix} 1 & 0 \\ 0 & 1 \end{pmatrix}$$

$$= \begin{pmatrix} a^2+bc & ab+bd \\ ac+cd & bc+d^2 \end{pmatrix} - \begin{pmatrix} a^2+ad & ab+bd \\ ac+cd & ad+d^2 \end{pmatrix}$$

$$+ \begin{pmatrix} ad-bc & 0 \\ 0 & ad-bc \end{pmatrix}$$

$$= \begin{pmatrix} 0 & 0 \\ 0 & 0 \end{pmatrix}$$

> わ、ほんとだわ

> おおー!!

> そう、a、b、c、dがどんな値だろうと
> $A^2-(a+d)A+(ad-bc)E=O$
> が必ず成り立つんじゃ

第6章　固有値と固有ベクトルを求めよう

この式の名前を

$$A^2 - (a+d)A + (ad-bc)E = O$$

HC（ハミルトン・ケーリー）とか
CH（ケーリー・ハミルトン）とか
いうんじゃな

昔の学者じゃよ

英語で書くと
Cayley-Hamilton
じゃ

ハミルトンとかケーリーって誰なんですか？

ハミルトン？
ケーリー？

ケーリーさんとハミルトンさんが作ったんですか？

ケーリーさん　ハミルトンさん
どんな人だろ

うーん
難しい質問じゃの

わしもその2人に会ったことがあるわけじゃないからのう

うむーっ

ちなみにハミルトンは数学者ケーリーは弁護士でありながら、数学を研究してた人で……

イングランド人のケーリーはアイルランド人のハミルトンを尊敬していて、わざわざ数学の講義を聴きにハミルトンの下まで通っていたという話じゃ

で、のちに、ケーリーがこの定理を見つけたときに

こ、これは！

大発見だ！

「自分の研究はハミルトン先生に依るところが大きい」と言って、ケーリー・ハミルトンと呼んだという話じゃが……

第6章　固有値と固有ベクトルを求めよう

いずれにしても、この式のおかげで、行列の n 乗がとても考えやすいことも多いんじゃ

例えばどういうときですか？

例えば……

$A = \begin{pmatrix} 2 & 1 \\ 4 & 2 \end{pmatrix}$ のときを考えてみたまえ

HCの式に代入すると、
$a+d=4$、$ad-bc=0$ なので、
$A^2 - 4A = 0$
言い換えると、
$A^2 = 4A$ ということになる

第6章 固有値と固有ベクトルを求めよう

A^n
$= AAAAAAA\cdots A$ ←Aがn個
$= 4AAAAAA\cdots A$ ←Aが$n-1$個
$= 4\times 4AAAAA\cdots A$ ←Aが$n-2$個
$\vdots$
$= 4\times 4\times \cdots \times 4A$ ←4が$n-1$個
$= 4^{n-1}A$

計算はわかるんだけど、なんか頭がついていかないような……

まあ、最初はそういうもんじゃろ

こんな行列はどうじゃ？

例えば……

$A = \begin{pmatrix} 2 & 1 \\ 4 & -2 \end{pmatrix}$ のときを考えてみたまえ

HCの式に代入すると、

$a+d=0$、$ad-bc=-8$なので、

$A^2 - 8E = 0$

言い換えると、$A^2 = 8E$ ということになる

ということは……

第6章　固有値と固有ベクトルを求めよう

> ということはすなわち、A^nを次のように計算できる

もしもnが偶数なら……

A^n
$= AAAAAAA \cdots A \quad \leftarrow A が n 個$
$= 8AAAAAA \cdots A \quad \leftarrow A が n-2 個$
$= 8 \times 8 AAAAA \cdots A \quad \leftarrow A が n-4 個$
$\quad \vdots$
$= 8 \times 8 \times \cdots \times 8 E \quad \leftarrow 8 が \dfrac{n}{2} 個$
$= 8^{\frac{n}{2}} E$

> というわけじゃ

> なるほど〜！

> う……

じゃあ奇数ならこんな感じですか？

もしも、nが奇数なら……
A^n
$=AAAAAAA\cdots A$ ←Aがn個
$=8AAAAAA\cdots A$ ←Aが$n-2$個
$=8\times 8AAAAA\cdots A$ ←Aが$n-4$個
　　$\vdots$
$=8\times 8\times\cdots\times 8A$ ←8が$\dfrac{n-1}{2}$個
$=8^{\frac{n-1}{2}}A$

そのとおり！
すばらしいのう！

第6章　固有値と固有ベクトルを求めよう

ある行列をAとして
その行列である点(p,q)を

一次変換させたとき
こんなふうになる点を
探すんじゃよ

よいしょ

$$A\begin{pmatrix}p\\q\end{pmatrix}=\alpha\begin{pmatrix}p\\q\end{pmatrix}$$

α は定数

じゃん!!

なんですか？
これ

えーっと

点を一次変換したものと
点を定数α倍したものが
同じってこと？

第6章　固有値と固有ベクトルを求めよう

ただし、重要なことを言い忘れとったが、点(p,q)は原点ではない

そう まさにそのとおり！

もしも点(p,q)が原点だったら、$p=q=0$となって、

$$A\begin{pmatrix}p\\q\end{pmatrix}=\alpha\begin{pmatrix}p\\q\end{pmatrix}$$

この式は当然成り立つから原点じゃないと仮定するわけじゃ

これでは少しわかりづらいから具体的に
$A=\begin{pmatrix}4&1\\-2&1\end{pmatrix}$で考えてみよう

うーん……

$$\begin{pmatrix} 4 & 1 \\ -2 & 1 \end{pmatrix} \begin{pmatrix} p \\ q \end{pmatrix} = \alpha \begin{pmatrix} p \\ q \end{pmatrix}$$

$$4p + q = \alpha p$$
$$-2p + q = \alpha q$$

pとqについて整理する

$$(4-\alpha)p + q = 0 \cdots (1)$$
$$-2p + (1-\alpha)q = 0 \cdots (2)$$

ここで(1)×(−2)と、(2)×(4−α)を引き算して、pを消去する

$$-2(4-\alpha)p - 2q = 0$$
$$-) \quad -2(4-\alpha)p + (4-\alpha)(1-\alpha)q = 0$$
$$\overline{\{-2-(4-\alpha)(1-\alpha)\}q = 0}$$

ここで、qが0じゃないなら、

$$-2-(4-\alpha)(1-\alpha) = 0$$
$$\alpha^2 - 5\alpha + 6 = 0$$
$$(\alpha-2)(\alpha-3) = 0$$
$$\alpha = 2 \text{ or } 3$$

となーる

もしもqが0だったら……
話をもう少し元に戻して
(1)×(1-α)と(2)を引き算して
同じことをすると、
pは0じゃないから

※もしもp=0だったら、pもqも0になって
  (p,q)が原点じゃないことに反する

やはりα=2 or 3となる

いずれにしてもα=2 or 3
なんじゃ

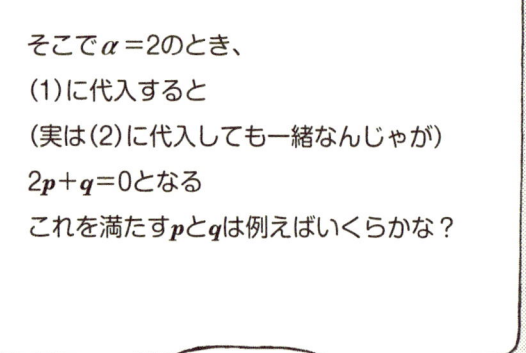

大丈夫大丈夫

ほっほっほっ

へぇ……　はぁ……

そこで $a=2$ のとき、
(1)に代入すると
(実は(2)に代入しても一緒なんじゃが)
$2p+q=0$ となる
これを満たす p と q は例えばいくらかな？

なみお君？

えっ、オレですか？

ファイト!!

2p+q=0を満たすpとqをなんでもいいから1つ答えてみたまえ
えっと p=0、q=0？
違うって!! (p,q)は原点じゃないって言ってたじゃない
あ、そうか！
おっ ゆきえ君はよく聞いてたようじゃな
では、ゆきえ君答えてみたまえ
えーっと p=1とすると q=−2とか？
そうじゃな 例えばα=2のとき $\begin{pmatrix} p \\ q \end{pmatrix}=\begin{pmatrix} 1 \\ -2 \end{pmatrix}$は、さっきの式を満たすわけじゃ

このαのことを行列Aの
「固有値」
ベクトル(p, q)を
「固有ベクトル」
というんじゃよ

では、もう一つの固有値
$\alpha=3$のときの固有ベクトルを
求めてみたまえ

なみお君

で、これをどう使うんですか？

へ〜

今度こそちゃんとやるぞー

ハイ！

$\alpha=3$を
$(4-\alpha)p+q=0$に代入すると
$p+q=0$となって……
pとqに好きな数字を
入れていいんですよね

第6章　固有値と固有ベクトルを求めよう

じゃあ……
$p=1$を代入して
$p=1$、$q=-1$

どうです？

わかってるって

$p=0$はだめよ

コソコソ

よし！　よくできた

今の結果を並べて書いてみるとこうなる

$$\begin{pmatrix} 4 & 1 \\ -2 & 1 \end{pmatrix} \begin{pmatrix} 1 \\ -2 \end{pmatrix} = 2 \begin{pmatrix} 1 \\ -2 \end{pmatrix}$$

$$\begin{pmatrix} 4 & 1 \\ -2 & 1 \end{pmatrix} \begin{pmatrix} 1 \\ -1 \end{pmatrix} = 3 \begin{pmatrix} 1 \\ -1 \end{pmatrix}$$

で、ここがポイント！

この2つの固有ベクトル(縦ベクトル)を横に並べて作った行列をPとするんじゃ
すなわち、

$P = \begin{pmatrix} 1 & 1 \\ -2 & -1 \end{pmatrix}$ とするわけ

173

この逆行列を求めてみよう
$P=\begin{pmatrix} 1 & 1 \\ -2 & -1 \end{pmatrix}$
ハイ！オレやります！
ふむ よろしい
$P^{-1}=\begin{pmatrix} -1 & -1 \\ 2 & 1 \end{pmatrix}$
よし！ 逆行列はもうバッチリ
で、P^{-1}とPで
Aをサンドイッチする！
ばっ
ばっ
P^{-1}
P
A
サンドイッチ?!

第6章　固有値と固有ベクトルを求めよう

そうじゃすなわち、これを計算するんじゃよ

$$P^{-1}AP = \begin{pmatrix} -1 & -1 \\ 2 & 1 \end{pmatrix} \begin{pmatrix} 4 & 1 \\ -2 & 1 \end{pmatrix} \begin{pmatrix} 1 & 1 \\ -2 & -1 \end{pmatrix}$$

博士〜もう覚えられないです〜

そんなことしてどうするんですか〜？

大丈夫じゃ わしもそうじゃが最初はみんな同じことを思ったわい

すぐに覚えるから安心せい

ともかく早く計算してみたまえ

じゃあ、言われたとおりにするか

$$P^{-1}AP = \begin{pmatrix} -1 & -1 \\ 2 & 1 \end{pmatrix} \begin{pmatrix} 4 & 1 \\ -2 & 1 \end{pmatrix} \begin{pmatrix} 1 & 1 \\ -2 & -1 \end{pmatrix}$$

えーっと

$$P^{-1}AP = \begin{pmatrix} -1 & -1 \\ 2 & 1 \end{pmatrix} \begin{pmatrix} 4 & 1 \\ -2 & 1 \end{pmatrix} \begin{pmatrix} 1 & 1 \\ -2 & -1 \end{pmatrix}$$

$$= \begin{pmatrix} -1 & -1 \\ 2 & 1 \end{pmatrix} \begin{pmatrix} 2 & 3 \\ -4 & -3 \end{pmatrix}$$

$$= \begin{pmatrix} 2 & 0 \\ 0 & 3 \end{pmatrix}$$

こうなりましたよ博士！

なんか気づかんかね？

え？いや、なーんにも

ね、ゆきえちゃん？

え、うーんとね

なんかきれいな形になったのかも？

第6章　固有値と固有ベクトルを求めよう

そうじゃ　固有ベクトルを2個並べて作った行列Pを右からかけて、左からその逆行列をかけ算すると、必ず、

$$P^{-1}AP = \begin{pmatrix} \alpha & 0 \\ 0 & \beta \end{pmatrix}$$

という形になるんじゃよ

絶対?

絶対

絶対?

え〜〜っ

信じられなーい!!

絶対じゃ!

ぬんっ

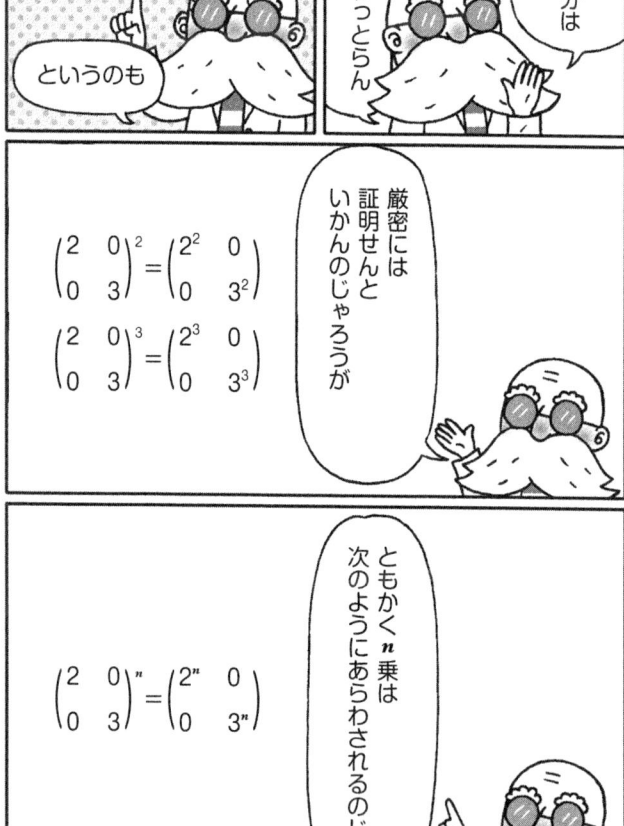

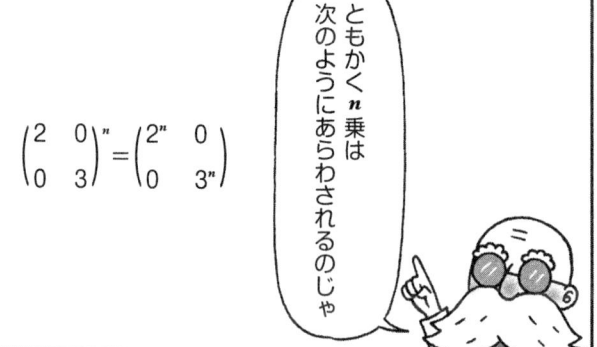

まぁ その部分はおいといて

まだ話は終わっとらん

この形の行列はn乗が求めやすいのじゃ

というのも

厳密には証明せんといかんのじゃろうが

$$\begin{pmatrix} 2 & 0 \\ 0 & 3 \end{pmatrix}^2 = \begin{pmatrix} 2^2 & 0 \\ 0 & 3^2 \end{pmatrix}$$

$$\begin{pmatrix} 2 & 0 \\ 0 & 3 \end{pmatrix}^3 = \begin{pmatrix} 2^3 & 0 \\ 0 & 3^3 \end{pmatrix}$$

ともかくn乗は次のようにあらわされるのじゃ

$$\begin{pmatrix} 2 & 0 \\ 0 & 3 \end{pmatrix}^n = \begin{pmatrix} 2^n & 0 \\ 0 & 3^n \end{pmatrix}$$

第6章 固有値と固有ベクトルを求めよう

このことを使って
$P^{-1}AP = \begin{pmatrix} 2 & 0 \\ 0 & 3 \end{pmatrix}$ の両辺を
n乗してみよう

なるほど〜

左辺はさっきやったとおり

$(P^{-1}AP)^n$
$= (P^{-1}AP)(P^{-1}AP)(P^{-1}AP)(P^{-1}AP)(P^{-1}AP)\cdots(P^{-1}AP)$
$= P^{-1}APP^{-1}APP^{-1}APP^{-1}APP^{-1}AP\cdots P^{-1}AP$
$= P^{-1}AA\cdots AP$
$= P^{-1}A^nP$

右辺はさっきやったとおり

こうなるので

$\begin{pmatrix} 2 & 0 \\ 0 & 3 \end{pmatrix}^n = \begin{pmatrix} 2^n & 0 \\ 0 & 3^n \end{pmatrix}$

結局このようになる

$$P^{-1}A^nP=\begin{pmatrix}2^n & 0\\ 0 & 3^n\end{pmatrix}$$

この式の両辺に左から P、右から P^{-1} をかけ算してやると、

$$PP^{-1}A^nPP^{-1}=P\begin{pmatrix}2^n & 0\\ 0 & 3^n\end{pmatrix}P^{-1}$$

すなわち、

$$A^n=P\begin{pmatrix}2^n & 0\\ 0 & 3^n\end{pmatrix}P^{-1}$$

$$=\begin{pmatrix}1 & 1\\ -2 & -1\end{pmatrix}\begin{pmatrix}2^n & 0\\ 0 & 3^n\end{pmatrix}\begin{pmatrix}-1 & -1\\ 2 & 1\end{pmatrix}$$

$$=\begin{pmatrix}1 & 1\\ -2 & -1\end{pmatrix}\begin{pmatrix}-2^n & -2^n\\ 2\cdot 3^n & 3^n\end{pmatrix}$$

$$=\begin{pmatrix}-2^n+2\cdot 3^n & -2^n+3^n\\ 2^{n+1}-2\cdot 3^n & 2^{n+1}-3^n\end{pmatrix}$$

となーる

第6章　固有値と固有ベクトルを求めよう

> ひょえ〜〜
> まじかよ

> でも計算自体はそんなに難しくないかも
> 数列のときに習った計算とよく似てるし

> これぐらい答えの形が大きくなると、
> 計算間違いをしてる可能性も大きくなるので、
> $n=1,2,3\cdots$ぐらいを代入して、
> 本当にそうなのか試してみる癖を
> つけておいた方がいいな

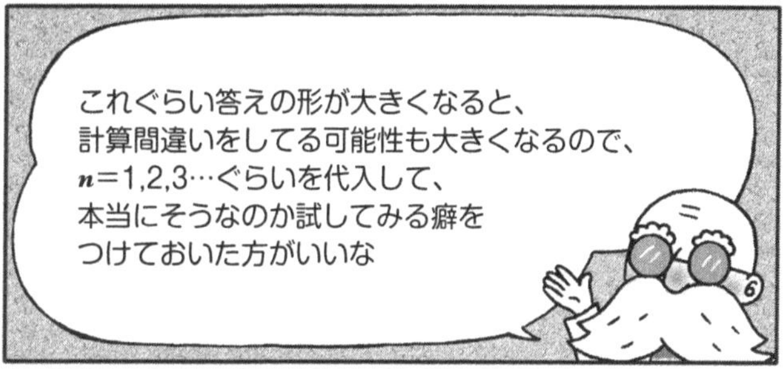

例 $n=1$のとき

$$A^1 = \begin{pmatrix} -2^1+2\cdot3^1 & -2^1+3^1 \\ 2^2-2\cdot3^1 & 2^2-3^1 \end{pmatrix}$$

$$= \begin{pmatrix} -2+6 & -2+3 \\ 4-6 & 4-3 \end{pmatrix}$$

$$= \begin{pmatrix} 4 & 1 \\ -2 & 1 \end{pmatrix}$$

> 確かに$A^1 = \begin{pmatrix} 4 & 1 \\ -2 & 1 \end{pmatrix}$と一致しておる

181

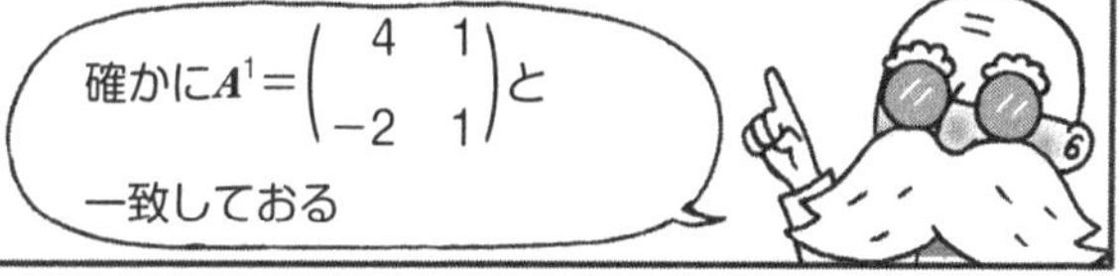

■ $n=2$のとき

$$A^2 = \begin{pmatrix} -2^2+2\cdot 3^2 & -2^2+3^2 \\ 2^3-2\cdot 3^2 & 2^3-3^2 \end{pmatrix}$$

$$= \begin{pmatrix} -4+18 & -4+9 \\ 8-18 & 8-9 \end{pmatrix}$$

$$= \begin{pmatrix} 14 & 5 \\ -10 & -1 \end{pmatrix}$$

確かに $A^2 = \begin{pmatrix} 4 & 1 \\ -2 & 1 \end{pmatrix}\begin{pmatrix} 4 & 1 \\ -2 & 1 \end{pmatrix} = \begin{pmatrix} 14 & 5 \\ -10 & -1 \end{pmatrix}$

と一致しておる

■ $n=3$のとき

$$A^3 = \begin{pmatrix} -2^3+2\cdot 3^3 & -2^3+3^3 \\ 2^4-2\cdot 3^3 & 2^4-3^3 \end{pmatrix}$$

$$= \begin{pmatrix} -8+54 & -8+27 \\ 16-54 & 16-27 \end{pmatrix} = \begin{pmatrix} 46 & 19 \\ -38 & -11 \end{pmatrix}$$

確かに $A^3 = \begin{pmatrix} 4 & 1 \\ -2 & 1 \end{pmatrix}\begin{pmatrix} 4 & 1 \\ -2 & 1 \end{pmatrix}\begin{pmatrix} 4 & 1 \\ -2 & 1 \end{pmatrix}$

$= \begin{pmatrix} 14 & 5 \\ -10 & -1 \end{pmatrix}\begin{pmatrix} 4 & 1 \\ -2 & 1 \end{pmatrix}$

$= \begin{pmatrix} 46 & 19 \\ -38 & -11 \end{pmatrix}$

と一致しておる

第6章　固有値と固有ベクトルを求めよう

すごいわぁ～

キラーンッ

スゲ～

こんなふうに行列のn乗が求められるわけじゃ

じゃろ?

でも、なんか覚えられないのでもう一度まとめてもらっていいですか?

よかろう　というより、実は固有値を求めるにはもっといい手があるんじゃよ

それも紹介しながら$2×2$行列のn乗を求める方法をお教えしよう

2×2行列のn乗の求め方

STEP ①

まず2×2行列の固有値を求める

行列を$A=\begin{pmatrix} a & b \\ c & d \end{pmatrix}$とすると、固有値は、

実はHCの式の行列Aをtに
置き換えた「特性方程式」
$t^2-(a+d)t+(ad-bc)=0$
を解いた2解が固有値じゃ
仮に2解をα、βとしよう

STEP ②

それぞれの固有値に対応する
固有ベクトルを求め、それを並べて行列Pを作る

第6章　固有値と固有ベクトルを求めよう

STEP③

$P^{-1}AP$ を計算すると、

$$P^{-1}AP = \begin{pmatrix} \alpha & 0 \\ 0 & \beta \end{pmatrix}$$

となる
この両辺を n 乗すると、

$$P^{-1}A^nP = \begin{pmatrix} \alpha^n & 0 \\ 0 & \beta^n \end{pmatrix}$$

となる

STEP④

この式の両辺に左から P、右から P^{-1} を
かけ算したら、求める A^n のできあがり!!

頑張って覚えるしかないか……

そうねー

ふむ、そうじゃの
誰もが一度は通る道じゃ

ガンバレ
若者たち

第6章　練習問題

① ハミルトン・ケーリーの式を使って、次の行列Aのn乗（A^n）をそれぞれ求めてみて下さい。

(1) $A = \begin{pmatrix} 2 & 1 \\ 8 & 4 \end{pmatrix}$

(2) $A = \begin{pmatrix} 1 & 2 \\ 2 & -1 \end{pmatrix}$

（ヒント：nが偶数の場合と奇数の場合で場合分けして考えて下さい）

② 行列$A = \begin{pmatrix} 2 & 1 \\ 2 & 3 \end{pmatrix}$について、

(1) Aの固有値と、それぞれの固有値に対応する固有ベクトルを一つずつ求めてみて下さい。

(2) (1)で求めた固有ベクトルを用いてA^nを求めてみて下さい。

第6章　固有値と固有ベクトルを求めよう

解答
① (1) $A = \begin{pmatrix} 2 & 1 \\ 8 & 4 \end{pmatrix}$ のハミルトン・ケーリーの式は、

$A^2 - 6A + (8-8)E = 0$

すなわち　$A^2 = 6A$

$$\begin{aligned}
\therefore A^n &= A \cdot A \cdot A \cdot A \cdots\cdots A \\
&= 6A \cdot A \cdot A \cdots\cdots A \\
&= 6^2 A \cdot A \cdots\cdots A \\
&= 6^3 A \cdots\cdots A \\
&= \cdots \\
&= 6^{n-1} A = 6^{n-1} \begin{pmatrix} 2 & 1 \\ 8 & 4 \end{pmatrix}
\end{aligned}$$

(2) $A = \begin{pmatrix} 1 & 2 \\ 2 & -1 \end{pmatrix}$ のハミルトン・ケーリーの式は、

$A^2 - 0 \cdot A - 5E = 0$

すなわち　$A^2 = 5E$

よって、ⅰ）n が偶数のとき

$$\begin{aligned}
A^n &= A^2 \cdot A^2 \cdot A^2 \cdots\cdots A^2 \quad \Leftarrow \quad A^2 \text{が} \frac{n}{2} \text{個} \\
&= (5E) \cdot (5E) \cdot (5E) \cdots\cdots (5E) \\
&= 5^{\frac{n}{2}} \cdot E = 5^{\frac{n}{2}} \begin{pmatrix} 1 & 0 \\ 0 & 1 \end{pmatrix}
\end{aligned}$$

ⅱ）n が奇数のとき

$A^n = A^2 \cdot A^2 \cdot A^2 \cdots\cdots A^2 \cdot A \quad \Leftarrow \quad A^2 \text{が} \frac{n-1}{2}$
　　　　　　　　　　　　　　　　　　　　　　　個と A が 1 個

$ = (5E) \cdot (5E) \cdot (5E) \cdots\cdots (5E) \cdot A$

$ = 5^{\frac{n-1}{2}} \cdot A = 5^{\frac{n-1}{2}} \begin{pmatrix} 1 & 2 \\ 2 & -1 \end{pmatrix}$

② (1) $t^2-5t+4=0$ を解いて

$$t=1 \text{ or } 4$$

すなわち固有値は1または4

固有値が1のとき $\begin{pmatrix} 2 & 1 \\ 2 & 3 \end{pmatrix}\begin{pmatrix} p \\ q \end{pmatrix}=1\cdot\begin{pmatrix} p \\ q \end{pmatrix}$

$\left.\begin{array}{r}2p+\ q=p \\ 2p+3q=q\end{array}\right) \Rightarrow p+q=0$

より固有ベクトルの1つは

$$\begin{pmatrix} 1 \\ -1 \end{pmatrix}$$

固有値が4のとき $\begin{pmatrix} 2 & 1 \\ 2 & 3 \end{pmatrix}\begin{pmatrix} p \\ q \end{pmatrix}=4\begin{pmatrix} p \\ q \end{pmatrix}$

$\left.\begin{array}{r}2p+\ q=4p \\ 2p+3q=4q\end{array}\right) \Rightarrow 2p-q=0$

より固有ベクトルの1つは

$$\begin{pmatrix} 1 \\ 2 \end{pmatrix}$$

(2) (1)より $P=\begin{pmatrix} 1 & 1 \\ -1 & 2 \end{pmatrix}$ とすると、

$$P^{-1}=\frac{1}{3}\begin{pmatrix} 2 & -1 \\ 1 & 1 \end{pmatrix} \text{ となる。}$$

このとき $P^{-1}AP=\frac{1}{3}\begin{pmatrix} 2 & -1 \\ 1 & 1 \end{pmatrix}\begin{pmatrix} 2 & 1 \\ 2 & 3 \end{pmatrix}\begin{pmatrix} 1 & 1 \\ -1 & 2 \end{pmatrix}$

$$=\cdots=\begin{pmatrix} 1 & 0 \\ 0 & 4 \end{pmatrix}$$

となるので、この n 乗は、

第6章 固有値と固有ベクトルを求めよう

$$(P^{-1}AP)^n = P^{-1}AP \cdot P^{-1}AP \cdot \cdots \cdot P^{-1}AP$$

$$= P^{-1}A^nP = \begin{pmatrix} 1 & 0 \\ 0 & 4^n \end{pmatrix} となる。$$

よって左からP、右からP^{-1}を両辺にかけて、

$$P \cdot P^{-1}A^nP \cdot P^{-1} = P \cdot \begin{pmatrix} 1 & 0 \\ 0 & 4^n \end{pmatrix} \cdot P^{-1}$$

$$A^n = \begin{pmatrix} 1 & 1 \\ -1 & 2 \end{pmatrix}\begin{pmatrix} 1 & 0 \\ 0 & 4^n \end{pmatrix} \cdot \frac{1}{3}\begin{pmatrix} 2 & -1 \\ 1 & 1 \end{pmatrix}$$

$$= \frac{1}{3}\begin{pmatrix} 1 & 4^n \\ -1 & 2 \cdot 4^n \end{pmatrix}\begin{pmatrix} 2 & -1 \\ 1 & 1 \end{pmatrix}$$

$$= \frac{1}{3}\begin{pmatrix} 2+4^n & -1+4^n \\ -2+2\cdot 4^n & 1+2\cdot 4^n \end{pmatrix}$$

「第6章 固有値と固有ベクトルを求めよう」のまとめ

誰が考えたのか、正方行列（行と列が同じ個数の行列）には、固有値と固有ベクトルが存在します。例えばAを2×2行列として、この行列の固有値をλ、固有ベクトルを$\vec{x}$とすると、

$$A\vec{x} = \lambda \vec{x}$$

となるのです。この式の意味するところは「どんな一次変換でも、必ず向きが変わらないベクトルが存在する」ということです。$A\vec{x}$というのは、一次変換で移動したベクトルで、これが$\lambda\vec{x}$、すなわち元のベクトルの定数倍になっている、というわけで、これはすなわち「大きさは変わっても向きが変わらない」ということを意味します。

実は正方行列で固有値と固有ベクトルを求めるということは、18〜20世紀という、数学が飛躍的に進歩した時代に多くの数学者が関心を寄せたテーマです。そして、固有値と固有ベクトルを求めるという作業の一つの応用例として、行列のn乗を求めるという作業があります。行列のn乗を求めるのも一苦労なわけですが、固有値と固有ベクトルを用いて元の正方行列を対角化する（正方行列の左上から右下の要素だけが0以外の値で、それ以

190

第6章　固有値と固有ベクトルを求めよう

外は0の行列に変形すること）ことで簡単になります。すなわち、

$$\begin{pmatrix} a & 0 \\ 0 & b \end{pmatrix}^n = \begin{pmatrix} a^n & 0 \\ 0 & b^n \end{pmatrix}$$

というように簡単にn乗が計算できるのです。この流れを覚えてしまいましょう。ちなみにHCの式を使ってすぐにn乗が計算できるのであれば、そのほうがずっと楽であることもお忘れないように。

第7章 3×3行列をきわめよう

イタリアー!!

宇宙旅行の次は……

なんだか陽気な気分になるよな～♪

でも博士 何の前置きもなくいきなりイタリアに来ちゃいましたよ

まあ、マンガとはそんなもんじゃよ

ok!ok!

やっと行列から離れられると思ったらうれしーいっ!!

さて……それはどうかな?

フフフ…

ええっ

もしかして、イタリアに来たというのも線形代数のため!?
げげーっ
イタリアだったらルネッサンス気分で楽しく勉強できそう!!
ほっほっ
なみお君心配せんでよいまずは食事をしてからじゃ
みんなの大好きなパスタでも食べに行くとするか!!
さんせーい!!
わーい♡
ちぇっ
かなりわかってきたし楽しい感じだからいいけどね～
ところで博士、2×2行列はいろいろわかったんですが、それ以外の行列もあるんですよね？
おいおいもう勉強スタート!?
もちろんじゃ
ただし……

ただし～？
カラン
カラン
Buonasera
Buonasera
行列式を求めたり逆行列を求めたりする
方法が若干違うのじゃ
よいしょっ
違うというより2×2のときに加えて
さらにいくつかの基本知識が必要になるというほうが正しいかもしれん
えーっと
menù
ウノ ボンゴレ
ウナ カルボナーラ
ウナ ピッザ
ポルファボール
ボンゴレ1つ
カルボナーラ1つ
ピッザ1つお願いします
(和訳)

すげ〜っ!!
博士!!
なんか
イタリア語
話してるよ〜
さすが
だわ〜
とりあえず
ここは
博士に
任せるのがよさそうだ!!
ヒヒヒ
ウノ〜ボンゴレ〜♪
わーいっ
わーい!!
わぁ♡
ハハハ
博士、陽気だな〜！
まぁ、2×2に比べると
3×3以上の行列の扱いは
体力勝負なものが多いからな
まずは栄養をつけないとな
お！　料理が揃ったぞ〜
ほっほっほっ！

いっただっきまーす

うまそ〜

3×3は体力がいるんですね！じゃあ、しっかり食べないとー!!

大丈夫、大丈夫！

まずはパスタを食べながら重要な定理を教えよう

ちゅるちゅる

え〜っ食べながら勉強するんですか？

黒板もノートも何もないです〜

どうせそんなことだろうと思ったよ!!

で、何の勉強から始めるんですか？

3×3行列の行列式の求め方からじゃ

ふきふき

いろいろあるのじゃが
いちばん手っ取り早いのは……
手っ取り早いのは?
これじゃ
じゃーん
「フォーク方式」じゃ
フォーク方式?
正式名称は「サラスの法則」なんていうが
まぁそれより「フォーク方式」の方が覚えやすいじゃろ

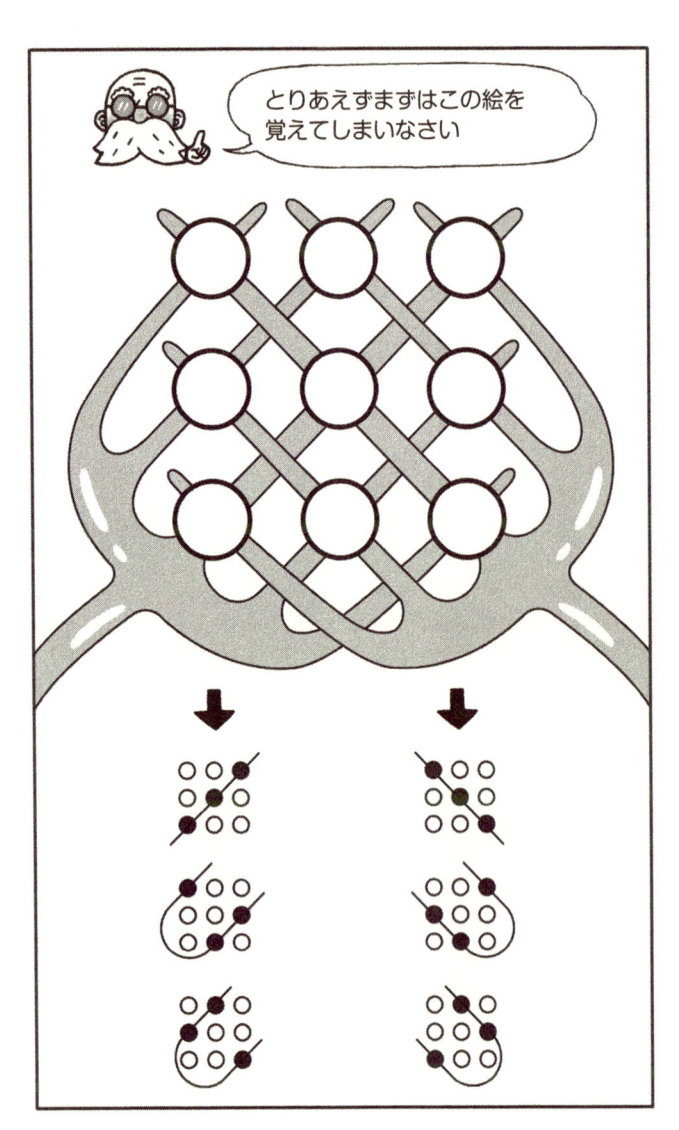

とりあえずまずはこの絵を覚えてしまいなさい

第7章 3×3行列をきわめよう

右のフォークは足し算

左のフォークは引き算じゃ

で、これを

どうするんです?

すなわち、

$$\begin{vmatrix} a & b & c \\ d & e & f \\ g & h & i \end{vmatrix} = \overbrace{aei+bfg+chd}^{\text{足し算}}\underbrace{-ceg-bdi-ahf}_{\text{引き算}}$$

となる

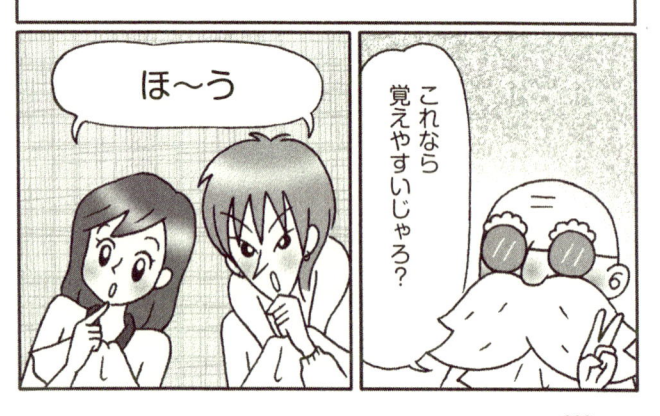

ほ〜う

これなら覚えやすいじゃろ?

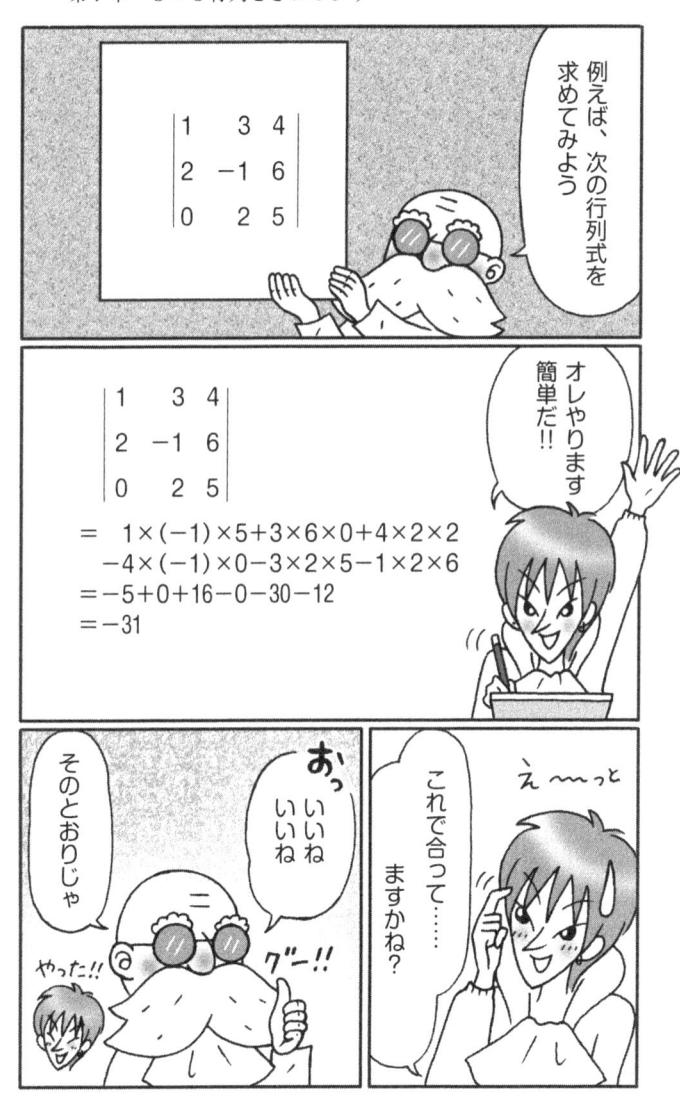

第7章 3×3行列をきわめよう

例えば、次の行列式を求めてみよう

$$\begin{vmatrix} 1 & 3 & 4 \\ 2 & -1 & 6 \\ 0 & 2 & 5 \end{vmatrix}$$

オレやります簡単だ!!

$$\begin{vmatrix} 1 & 3 & 4 \\ 2 & -1 & 6 \\ 0 & 2 & 5 \end{vmatrix}$$

$= 1×(-1)×5+3×6×0+4×2×2$
$ -4×(-1)×0-3×2×5-1×2×6$
$= -5+0+16-0-30-12$
$= -31$

え〜っと これで合って……ますかね?

おっ いいねいいね

そのとおりじゃ

やった!!

なるほど～
覚えてしまえば簡単ですね☆
そうじゃろ？
満足じゃー♡
あ～おいしかった!!
でも、4×4とか5×5とかだと大変そうだな
確かに～!!
ひぇ～っ
3×3で6個も計算するんだから、4×4とか5×5とかの行列式は頭がこんがらがるかも～
なかなかいいことに気がつくわい
おっ!!
普通は3×3ができたらおしまい！っていう学生も多い中で優秀な意見じゃな
なんかほめられちゃったよ～
ほんとー
えへへ

第7章 3×3行列をきわめよう

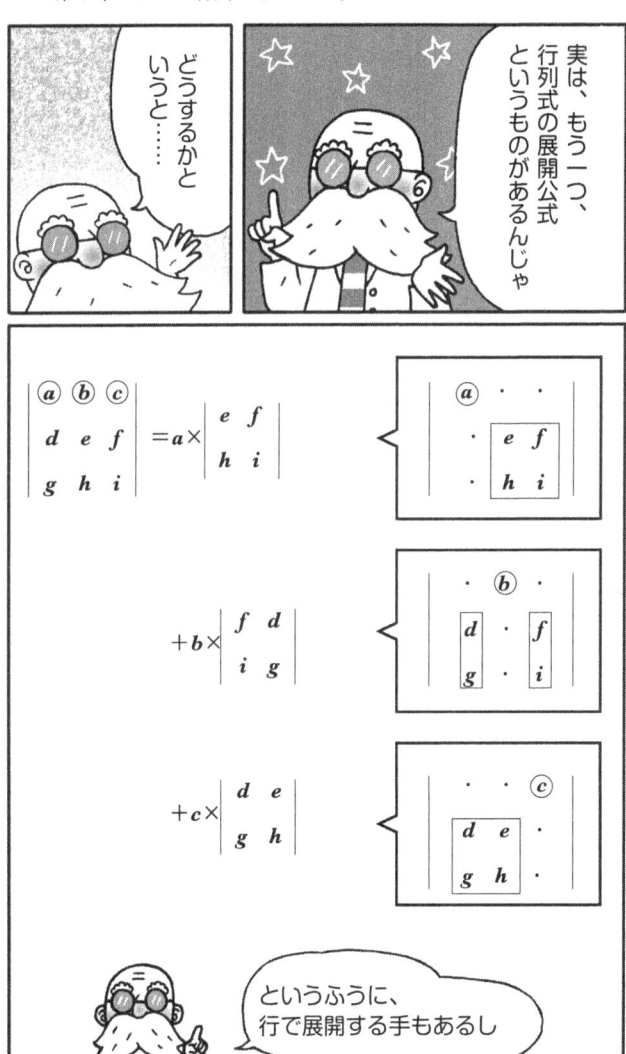

実は、もう一つ、行列式の展開公式というものがあるんじゃ

どうするかというと……

$$\begin{vmatrix} a & b & c \\ d & e & f \\ g & h & i \end{vmatrix} = a \times \begin{vmatrix} e & f \\ h & i \end{vmatrix}$$

$$+ b \times \begin{vmatrix} f & d \\ i & g \end{vmatrix}$$

$$+ c \times \begin{vmatrix} d & e \\ g & h \end{vmatrix}$$

というふうに、行で展開する手もあるし

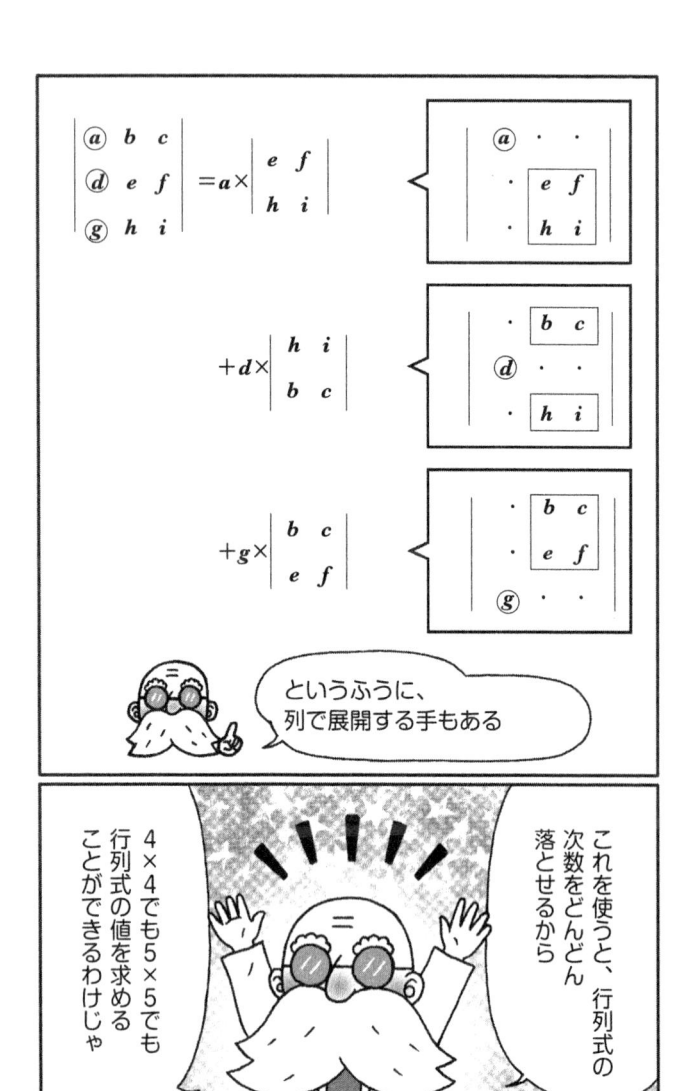

$$\begin{vmatrix} ⓐ & b & c \\ ⓓ & e & f \\ ⓖ & h & i \end{vmatrix} = a \times \begin{vmatrix} e & f \\ h & i \end{vmatrix}$$

$$\begin{vmatrix} ⓐ & \cdot & \cdot \\ \cdot & e & f \\ \cdot & h & i \end{vmatrix}$$

$$+ d \times \begin{vmatrix} h & i \\ b & c \end{vmatrix}$$

$$\begin{vmatrix} \cdot & b & c \\ ⓓ & \cdot & \cdot \\ \cdot & h & i \end{vmatrix}$$

$$+ g \times \begin{vmatrix} b & c \\ e & f \end{vmatrix}$$

$$\begin{vmatrix} \cdot & b & c \\ \cdot & e & f \\ ⓖ & \cdot & \cdot \end{vmatrix}$$

というふうに、列で展開する手もある

これを使うと、行列式の次数をどんどん落とせるから

4×4でも5×5でも行列式の値を求めることができるわけじゃ

なるほど〜!!
せっかくだから、展開公式でも行列式を求めたいですね
では、さっきの行列の行列式を展開公式で求めてみたまえ
その間にわしはジェラートでも食べるとするかの
ええーっ
……
ずるい!!
わかった！わかった！
ほっほっ
じゃあ、これが解けたら一緒に食べるとするか

やったぁ

ジェラート食べなかったら
イタリアに来た意味ないもんね

よし！

やるぞ！

$$\begin{vmatrix} 1 & 3 & 4 \\ 2 & -1 & 6 \\ 0 & 2 & 5 \end{vmatrix}$$

$$= 1 \times \begin{vmatrix} -1 & 6 \\ 2 & 5 \end{vmatrix} + 3 \times \begin{vmatrix} 6 & 2 \\ 5 & 0 \end{vmatrix} + 4 \times \begin{vmatrix} 2 & -1 \\ 0 & 2 \end{vmatrix}$$

$$= -17 - 30 + 16$$

$$= -31$$

せっせっ

おっ!!

さっきのとピッタリ!!

うん！
うん！

なみお君、
いいカンジ!!

ちなみに、行列式が0じゃなかったら
逆行列が存在して、
0ならば逆行列が
存在しないのも2×2行列と同様じゃ
ってことは、逆行列を
求める公式もあるん
ですか？
う……
ビクッ
ううう……
もしかして、
ないんですか？
いや……
そ、その〜……
もじ
もじ

博士、はっきりしてください!!
もじもじしてー!!
ないとは言わんが面倒なので
ここでは言わん
え〜〜っ!
……がしかし!!
しかし?
いい手があるんですか?
……その前にジェラートを食べよう
ガクッ
自由だなぁ〜
博士〜

第7章　3×3行列をきわめよう

まず元の行列の横に
単位行列をくっつけた形の行列を作る

$$\begin{pmatrix} 1 & 3 & 4 & 1 & 0 & 0 \\ 2 & -1 & 6 & 0 & 1 & 0 \\ 0 & 2 & 5 & 0 & 0 & 1 \end{pmatrix}$$

これをどんどん変形していくわけじゃが、
その際にできることは次の３つのみ
①各行を何倍かする
②ある行と別の行を入れ替える
③各行を何倍かして、それを別の行に
　足す or 引く

第7章 3×3行列をきわめよう

目標としては左半分が単位行列になるように変形する

すなわち

$$\begin{pmatrix} 1 & 0 & 0 & \\ 0 & 1 & 0 & ? \\ 0 & 0 & 1 & \end{pmatrix}$$

こんな形にするわけじゃ

へぇ〜なんか難しそう
そんなことできるのかな?

実際は次のようにすればよいぞ

$$\begin{pmatrix} 1 & 3 & 4 & 1 & 0 & 0 \\ 2 & -1 & 6 & 0 & 1 & 0 \\ 0 & 2 & 5 & 0 & 0 & 1 \end{pmatrix}$$

1行目を2倍して2行目から引く

$$\begin{pmatrix} 1 & 3 & 4 & 1 & 0 & 0 \\ 0 & -7 & -2 & -2 & 1 & 0 \\ 0 & 2 & 5 & 0 & 0 & 1 \end{pmatrix}$$

2行目を$-\frac{1}{7}$倍する

$$\begin{pmatrix} 1 & 3 & 4 & 1 & 0 & 0 \\ 0 & 1 & \frac{2}{7} & \frac{2}{7} & -\frac{1}{7} & 0 \\ 0 & 2 & 5 & 0 & 0 & 1 \end{pmatrix}$$

2行目を3倍して1行目から引く

$$\begin{pmatrix} 1 & 0 & \frac{22}{7} & \frac{1}{7} & \frac{3}{7} & 0 \\ 0 & 1 & \frac{2}{7} & \frac{2}{7} & -\frac{1}{7} & 0 \\ 0 & 2 & 5 & 0 & 0 & 1 \end{pmatrix}$$

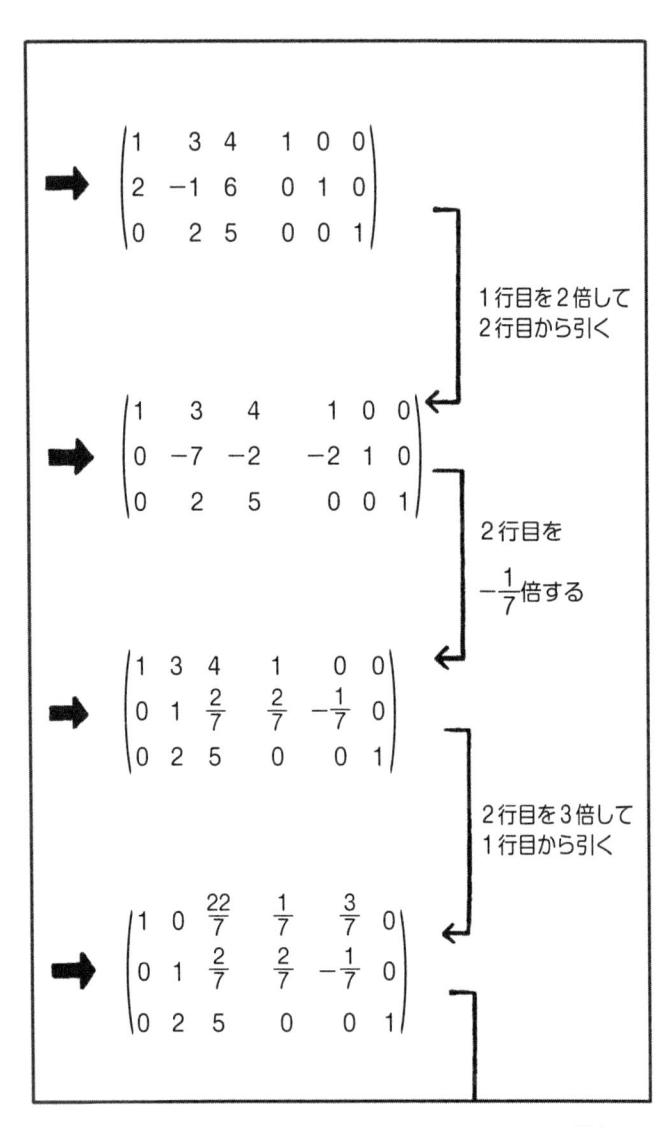

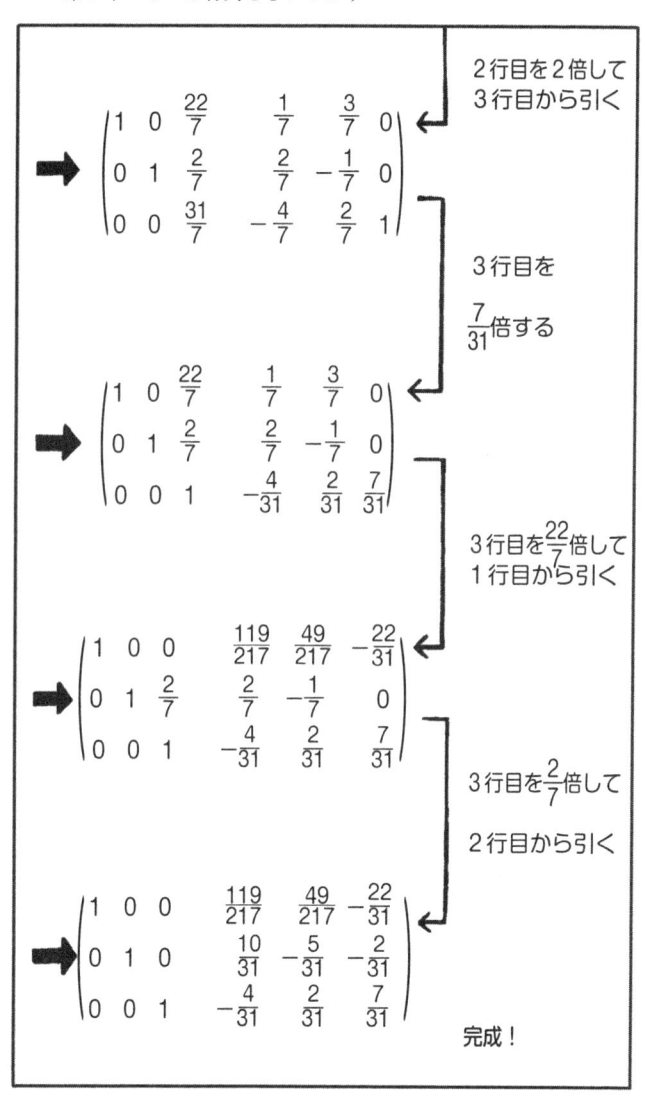

第7章　3×3行列をきわめよう

$$\rightarrow \begin{pmatrix} 1 & 0 & \frac{22}{7} & \frac{1}{7} & \frac{3}{7} & 0 \\ 0 & 1 & \frac{2}{7} & \frac{2}{7} & -\frac{1}{7} & 0 \\ 0 & 0 & \frac{31}{7} & -\frac{4}{7} & \frac{2}{7} & 1 \end{pmatrix}$$

⇐ 2行目を2倍して3行目から引く

3行目を$\frac{7}{31}$倍する

$$\rightarrow \begin{pmatrix} 1 & 0 & \frac{22}{7} & \frac{1}{7} & \frac{3}{7} & 0 \\ 0 & 1 & \frac{2}{7} & \frac{2}{7} & -\frac{1}{7} & 0 \\ 0 & 0 & 1 & -\frac{4}{31} & \frac{2}{31} & \frac{7}{31} \end{pmatrix}$$

3行目を$\frac{22}{7}$倍して1行目から引く

$$\rightarrow \begin{pmatrix} 1 & 0 & 0 & \frac{119}{217} & \frac{49}{217} & -\frac{22}{31} \\ 0 & 1 & \frac{2}{7} & \frac{2}{7} & -\frac{1}{7} & 0 \\ 0 & 0 & 1 & -\frac{4}{31} & \frac{2}{31} & \frac{7}{31} \end{pmatrix}$$

3行目を$\frac{2}{7}$倍して2行目から引く

$$\rightarrow \begin{pmatrix} 1 & 0 & 0 & \frac{119}{217} & \frac{49}{217} & -\frac{22}{31} \\ 0 & 1 & 0 & \frac{10}{31} & -\frac{5}{31} & -\frac{2}{31} \\ 0 & 0 & 1 & -\frac{4}{31} & \frac{2}{31} & \frac{7}{31} \end{pmatrix}$$

完成！

Cafe cafe
これで完成 右半分が元の行列の 逆行列じゃよ
こんな計算 やってられない よ〜っ
はぁ〜 目がまわる〜
じゃが、この方法を 使えば必ず 逆行列が出て くるぞ
イエイ!
でもさ〜博士 オレたち計算機 じゃないんだし……
なみお君!!
ビクッ
はっ…… はい〜!!
君いいこと言うね!! そのとおりなんじゃよ〜 っ!
ええっ!?
ぽんっ
掃き出し法というのは わしたち人間には大変じゃが 四則演算だけで計算できる から、計算機にとっては とてつもなく簡単な手法なのじゃ

いわば、このエスプレッソマシーンみたいなもんじゃな
はぁ～
？
？
なるほど～
だから掃き出し法なんてものがあるのですね！
さよう！
でも、2×2のときもそうだったけど
3×3以上のサイズの行列でも
逆行列が存在しないことがあるんじゃない
んですか？
おーい
おい
おい～
え゛っ
ど、どうしたんですか？いきなり～
泣いてる!?

なみお君があまりに素晴らしいことを言うから……
ううっ
感動してなみだがちょちょ切れとるんじゃー！
オーバーな……
でも、なみお君なんだか変わってきたわよ
そう？
ともかくじゃな結論から先に言うと、掃き出し法をすることで
ぐしゅ
ぐしゅ
左半分が単位行列の形にならないことがあるそんなときは逆行列が存在しないいんじゃ
やっぱりね～
ふーん
じゃあ、そういうときってどんな形になるんですか？
???

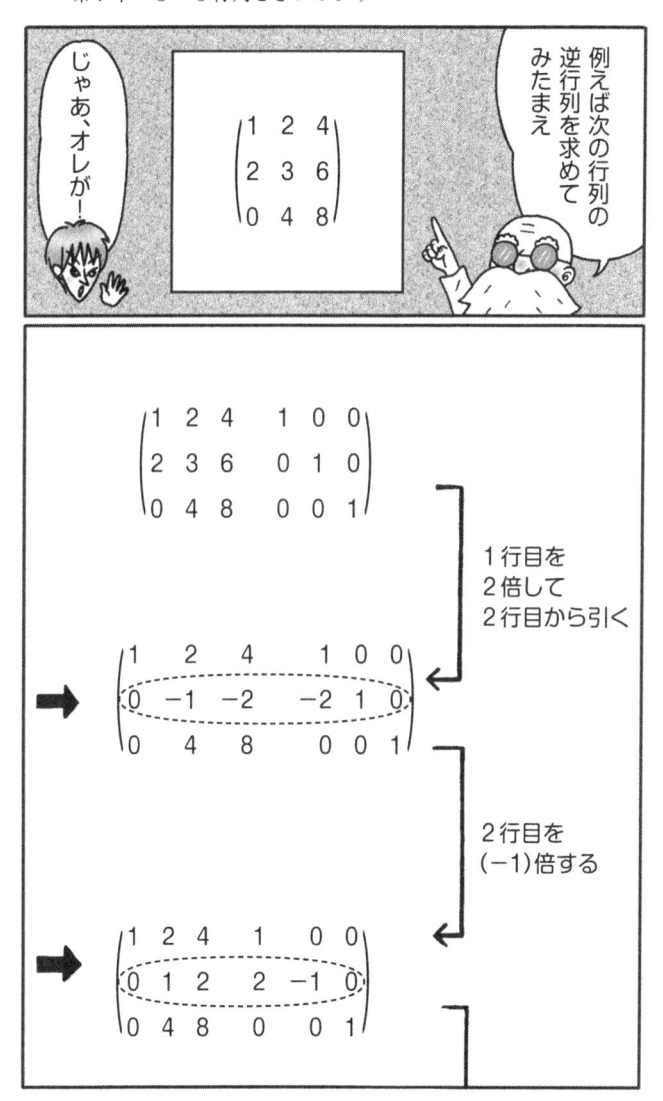

第7章　3×3行列をきわめよう

例えば次の行列の逆行列を求めてみたまえ

$$\begin{pmatrix} 1 & 2 & 4 \\ 2 & 3 & 6 \\ 0 & 4 & 8 \end{pmatrix}$$

じゃあ、オレが！

$$\begin{pmatrix} 1 & 2 & 4 & 1 & 0 & 0 \\ 2 & 3 & 6 & 0 & 1 & 0 \\ 0 & 4 & 8 & 0 & 0 & 1 \end{pmatrix}$$

1行目を2倍して2行目から引く

➡ $$\begin{pmatrix} 1 & 2 & 4 & 1 & 0 & 0 \\ 0 & -1 & -2 & -2 & 1 & 0 \\ 0 & 4 & 8 & 0 & 0 & 1 \end{pmatrix}$$

2行目を(−1)倍する

➡ $$\begin{pmatrix} 1 & 2 & 4 & 1 & 0 & 0 \\ 0 & 1 & 2 & 2 & -1 & 0 \\ 0 & 4 & 8 & 0 & 0 & 1 \end{pmatrix}$$

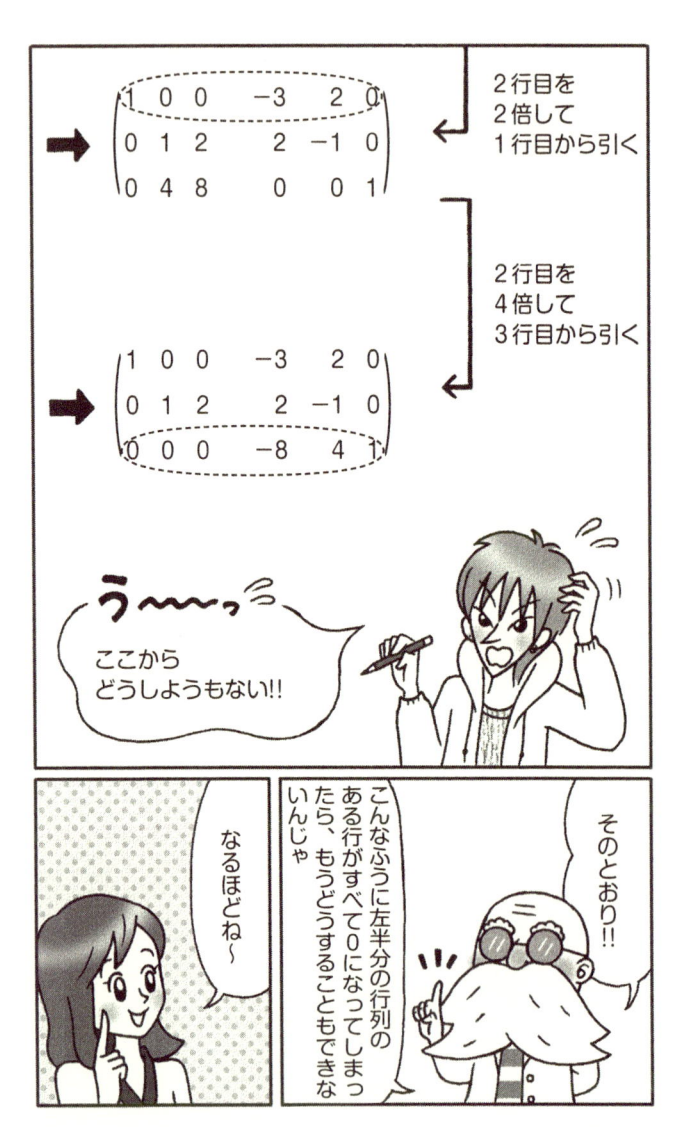

→ $\begin{pmatrix} 1 & 0 & 0 & -3 & 2 & 0 \\ 0 & 1 & 2 & 2 & -1 & 0 \\ 0 & 4 & 8 & 0 & 0 & 1 \end{pmatrix}$ ← 2行目を2倍して1行目から引く

2行目を4倍して3行目から引く

→ $\begin{pmatrix} 1 & 0 & 0 & -3 & 2 & 0 \\ 0 & 1 & 2 & 2 & -1 & 0 \\ 0 & 0 & 0 & -8 & 4 & 1 \end{pmatrix}$

う〜っ

ここからどうしようもない!!

そのとおり!!

こんなふうに左半分の行列のある行がすべて0になってしまったら、もうどうすることもできないんじゃ

なるほどね〜

第7章　3×3行列をきわめよう

ランク〜？

3×3行列の場合、このように1行だけに0が並んだ場合は rank=2 という

さよう

ちゃんと逆行列が求まった場合は rank=3となる
定義としては不正確じゃが、要は掃き出し法を続けていって、「1」の個数がrankじゃと思えばよいわ

そのとおり!!

ほかにもいろんなrankの例があるんじゃ
rank=3、2、1、0をそれぞれ紹介しよう!!

じゃ、さっきオレがやったのは rank=2 ですね！

$$\begin{pmatrix} 1 & 3 & 4 & 1 & 0 & 0 \\ 2 & -1 & 6 & 0 & 1 & 0 \\ 0 & 2 & 5 & 0 & 0 & 1 \end{pmatrix} の場合$$

掃き出し法で変形すると……

➡ $$\begin{pmatrix} 1 & 0 & 0 & \frac{119}{217} & \frac{49}{217} & -\frac{22}{31} \\ 0 & 1 & 0 & \frac{10}{31} & -\frac{5}{31} & -\frac{2}{31} \\ 0 & 0 & 1 & -\frac{4}{31} & \frac{2}{31} & \frac{7}{31} \end{pmatrix}$$

よって rank=3

$$\begin{pmatrix} 1 & 2 & 4 & 1 & 0 & 0 \\ 2 & 3 & 6 & 0 & 1 & 0 \\ 0 & 4 & 8 & 0 & 0 & 1 \end{pmatrix} の場合$$

掃き出し法で変形すると……

➡ $$\begin{pmatrix} 1 & 0 & 0 & -3 & 2 & 0 \\ 0 & 1 & 2 & 2 & -1 & 0 \\ 0 & 0 & 0 & -8 & 4 & 1 \end{pmatrix}$$

よって rank=2

第7章 3×3行列をきわめよう

$$\begin{pmatrix} 1 & 2 & 4 & 1 & 0 & 0 \\ 4 & 8 & 16 & 0 & 1 & 0 \\ 2 & 4 & 8 & 0 & 0 & 1 \end{pmatrix}$$ の場合

掃き出し法で変形すると……

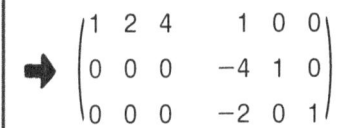

➡ $$\begin{pmatrix} 1 & 2 & 4 & 1 & 0 & 0 \\ 0 & 0 & 0 & -4 & 1 & 0 \\ 0 & 0 & 0 & -2 & 0 & 1 \end{pmatrix}$$

よって rank=1

$$\begin{pmatrix} 0 & 0 & 0 & 1 & 0 & 0 \\ 0 & 0 & 0 & 0 & 1 & 0 \\ 0 & 0 & 0 & 0 & 0 & 1 \end{pmatrix}$$ の場合

掃き出し法で変形のしようがない……
よって rank=0

> rank=0というのはこの行列しかない

掃き出し法なら、4×4とか5×5といった行列でも逆行列を求めたりrankを求めたりできるんじゃよ
お〜!!
なるほど〜!!
でも、掃き出し法って面倒と言えば面倒ですよね
足したり引いたりして単純作業だけど計算間違いしそう
そうじゃな 確かに人間にとっては面倒くさそうな手法じゃが
さっきもチラッと言ったように掃き出し法はコンピュータや計算機にとっては簡単なことなのじゃ
こういう単純作業はコンピュータの得意技じゃからのう

第7章 3×3行列をきわめよう

理解できなかったとしても、線形代数で出てきそうなキーワードに大体一度ずつは触れたから、理解をするとっかかりぐらいはわかったじゃろ
ハイ!!
じゃあ、せっかくだからイタリア観光に行きましょうよ!!
ローマ・スペイン広場
ここ、映画で見たことあるぞ!
わぁ〜人がいっぱい!
ほ、ほ、ほ。
コロセウム
パシャ
ヴェネチア
わぁ〜ステキ!

第7章 3×3行列をきわめよう

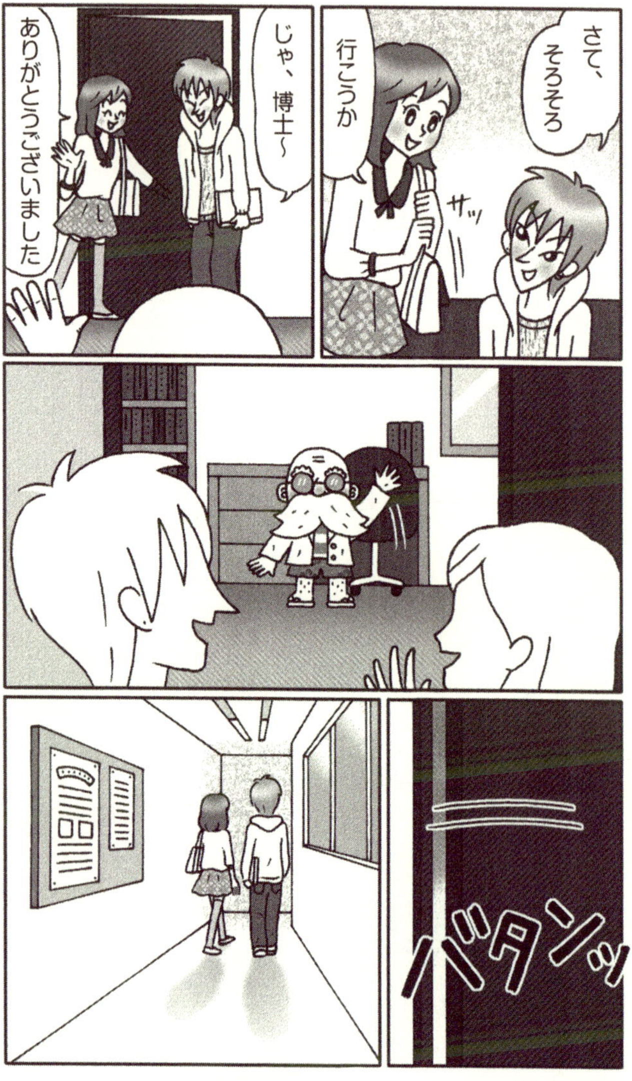
さて、そろそろ
行こうか
サッ
じゃ、博士～
ありがとうございました
バタンッ

第 7 章　3×3 行列をきわめよう

第7章 練習問題

次の4つの3×3行列Aについて、Aの行列式を求めてみて下さい。

行列式が0でなければ掃き出し法で逆行列A^{-1}を求めてみて下さい。また、行列式が0の場合はrankを求めてみて下さい。

(1) $A = \begin{pmatrix} 3 & 2 & 0 \\ 1 & 1 & 2 \\ 2 & 6 & 1 \end{pmatrix}$

(2) $A = \begin{pmatrix} 3 & -1 & -1 \\ -6 & 2 & 2 \\ -3 & 1 & 1 \end{pmatrix}$

(3) $A = \begin{pmatrix} -1 & 1 & 3 \\ 3 & 2 & -2 \\ 2 & 3 & 1 \end{pmatrix}$

(4) $A = \begin{pmatrix} 1 & 0 & -1 \\ 1 & 1 & 0 \\ 0 & -1 & 3 \end{pmatrix}$

第7章　3×3行列をきわめよう

解答
(1) $A = \begin{pmatrix} 3 & 2 & 0 \\ 1 & 1 & 2 \\ 2 & 6 & 1 \end{pmatrix}$ の行列式

$|A| = \begin{vmatrix} 3 & 2 & 0 \\ 1 & 1 & 2 \\ 2 & 6 & 1 \end{vmatrix}$

$= 3 \times 1 \times 1 + 2 \times 2 \times 2 + 0 \times 6 \times 1$
$- 0 \times 1 \times 2 - 2 \times 1 \times 1 - 3 \times 6 \times 2 = -27$

よって逆行列を掃き出し法で求める。
(1行目×$\frac{1}{3}$を2行目から引き、1行目×$\frac{2}{3}$を3行目から引く)

$\begin{pmatrix} 3 & 2 & 0 & 1 & 0 & 0 \\ ① & 1 & 2 & 0 & 1 & 0 \\ ② & 6 & 1 & 0 & 0 & 1 \end{pmatrix} \rightarrow \begin{pmatrix} 3 & ② & 0 & 1 & 0 & 0 \\ 0 & \frac{1}{3} & 2 & -\frac{1}{3} & 1 & 0 \\ 0 & \boxed{\frac{14}{3}} & 1 & -\frac{2}{3} & 0 & 1 \end{pmatrix}$

(2行目×6を1行目から引き、2行目×14を3行目から引く)

$\rightarrow \begin{pmatrix} 3 & 0 & -12 & 3 & -6 & 0 \\ 0 & \frac{1}{3} & 2 & \frac{1}{3} & 1 & 0 \\ 0 & 0 & -27 & 4 & -14 & 1 \end{pmatrix}$

(1行目÷3、2行目×3、3行目÷(−27))

231

$$\to \begin{pmatrix} 1 & 0 & -4 & 1 & -2 & 0 \\ 0 & 1 & 6 & -1 & 3 & 0 \\ 0 & 0 & 1 & -\frac{4}{27} & \frac{14}{27} & -\frac{1}{27} \end{pmatrix}$$

（3行目×4を1行目に足し、3行目×6を2行目から引く）

$$\to \begin{pmatrix} 1 & 0 & 0 & \frac{11}{27} & \frac{2}{27} & -\frac{4}{27} \\ 0 & 1 & 0 & -\frac{1}{9} & -\frac{1}{9} & \frac{2}{9} \\ 0 & 0 & 1 & -\frac{4}{27} & \frac{14}{27} & -\frac{1}{27} \end{pmatrix}$$

$$\therefore A^{-1} = \begin{pmatrix} \frac{11}{27} & \frac{2}{27} & -\frac{4}{27} \\ -\frac{1}{9} & -\frac{1}{9} & \frac{2}{9} \\ -\frac{4}{27} & \frac{14}{27} & -\frac{1}{27} \end{pmatrix} = \frac{1}{27} \begin{pmatrix} 11 & 2 & -4 \\ -3 & -3 & 6 \\ -4 & 14 & -1 \end{pmatrix}$$

(2) $A = \begin{pmatrix} 3 & -1 & -1 \\ -6 & 2 & 2 \\ -3 & 1 & 1 \end{pmatrix}$ の行列式

$$\begin{vmatrix} 3 & -1 & -1 \\ -6 & 2 & 2 \\ -3 & 1 & 1 \end{vmatrix} = 3 \times 2 \times 1 + (-1) \times 2 \times (-3) \\ + (-1) \times (-6) \times 1 - (-1) \times 2 \times (-3) \\ - (-1) \times (-6) \times 1 - 3 \times 2 \times 1 = 0$$

掃き出し法でrankを求めると

$$\begin{pmatrix} 3 & -1 & -1 & 1 & 0 & 0 \\ -6 & 2 & 2 & 0 & 1 & 0 \\ -3 & 1 & 1 & 0 & 0 & 1 \end{pmatrix}$$

第7章 3×3行列をきわめよう

$$\rightarrow \begin{pmatrix} 3 & -1 & -1 & 1 & 0 & 0 \\ 0 & 0 & 0 & 2 & 1 & 0 \\ 0 & 0 & 0 & 1 & 0 & 1 \end{pmatrix}$$

$$\rightarrow \begin{pmatrix} 1 & -\frac{1}{3} & -\frac{1}{3} & \frac{1}{3} & 0 & 0 \\ 0 & 0 & 0 & 2 & 1 & 0 \\ 0 & 0 & 0 & 1 & 0 & 1 \end{pmatrix}$$

となり rank=1

(3) $A = \begin{pmatrix} -1 & 1 & 3 \\ 3 & 2 & -2 \\ 2 & 3 & 1 \end{pmatrix}$ の行列式

$$\begin{vmatrix} -1 & 1 & 3 \\ 3 & 2 & -2 \\ 2 & 3 & 1 \end{vmatrix} = \begin{aligned} & -1 \times 2 \times 1 + 1 \times (-2) \times 2 \\ & + 3 \times 3 \times 3 - 3 \times 2 \times 2 - 1 \times 3 \times 1 \\ & - (-1) \times 3 \times (-2) = 0 \end{aligned}$$

掃き出し法でrankを求めると

$$\begin{pmatrix} -1 & 1 & 3 & 1 & 0 & 0 \\ 3 & 2 & -2 & 0 & 1 & 0 \\ 2 & 3 & 1 & 0 & 0 & 1 \end{pmatrix} \rightarrow \begin{pmatrix} -1 & 1 & 3 & 1 & 0 & 0 \\ 0 & 5 & 7 & 3 & 1 & 0 \\ 0 & 5 & 7 & 2 & 0 & 1 \end{pmatrix}$$

$$\rightarrow \begin{pmatrix} -1 & 0 & \frac{8}{5} & \frac{2}{5} & -\frac{1}{5} & 0 \\ 0 & 5 & 7 & 3 & -1 & 0 \\ 0 & 0 & 0 & -1 & -1 & 1 \end{pmatrix}$$

$$\rightarrow \begin{pmatrix} 1 & 0 & -\frac{8}{5} & -\frac{2}{5} & \frac{1}{5} & 0 \\ 0 & 1 & \frac{7}{5} & \frac{3}{5} & \frac{1}{5} & 0 \\ 0 & 0 & 0 & -1 & -1 & 1 \end{pmatrix}$$

となり rank = 2

(4) $A = \begin{pmatrix} 1 & 0 & -1 \\ 1 & 1 & 0 \\ 0 & -1 & 3 \end{pmatrix}$ の行列式

$\begin{vmatrix} 1 & 0 & -1 \\ 1 & 1 & 0 \\ 0 & -1 & 3 \end{vmatrix} = 1 \times 1 \times 3 + 0 \times 0 \times 0 + (-1) \times (-1) \times 1 - (-1) \times 1 \times 0 - 0 \times 1 \times 3 - 1 \times (-1) \times 0 = 4$

よって掃き出し法で逆行列を求めると

$\begin{pmatrix} 1 & 0 & -1 & 1 & 0 & 0 \\ 1 & 1 & 0 & 0 & 1 & 0 \\ 0 & -1 & 3 & 0 & 0 & 1 \end{pmatrix} \rightarrow$

$\begin{pmatrix} 1 & 0 & -1 & 1 & 0 & 0 \\ 0 & 1 & 1 & -1 & 1 & 0 \\ 0 & -1 & 3 & 0 & 0 & 1 \end{pmatrix}$

$\rightarrow \begin{pmatrix} 1 & 0 & -1 & 1 & 0 & 0 \\ 0 & 1 & 1 & -1 & 1 & 0 \\ 0 & 0 & 4 & -1 & 1 & 1 \end{pmatrix}$

$\rightarrow \begin{pmatrix} 1 & 0 & 0 & \frac{3}{4} & \frac{1}{4} & \frac{1}{4} \\ 0 & 1 & 0 & -\frac{3}{4} & \frac{3}{4} & -\frac{1}{4} \\ 0 & 0 & 1 & -\frac{1}{4} & \frac{1}{4} & \frac{1}{4} \end{pmatrix}$

$\therefore A^{-1} = \begin{pmatrix} \frac{3}{4} & \frac{1}{4} & \frac{1}{4} \\ -\frac{3}{4} & \frac{3}{4} & -\frac{1}{4} \\ -\frac{1}{4} & \frac{1}{4} & \frac{1}{4} \end{pmatrix} = \frac{1}{4} \begin{pmatrix} 3 & 1 & 1 \\ -3 & 3 & -1 \\ -1 & 1 & 1 \end{pmatrix}$

「第7章　3×3行列をきわめよう」のまとめ

本文にも出てきましたが、実は正方行列というのは2×2だけじゃなくて、3×3、4×4、……と、要素がもっとたくさん出てくる行列も多く、それらの行列は行列式もしかり、逆行列もしかり、あまり簡単に計算できるものではありません。

ただし計算機（コンピュータ）を使うのであれば話は別です。計算機は私たちが苦手とする「単純計算」をいとも簡単に、かつ正確に、スピーディーにやってのけてしまいます。実は行列の計算というのは、計算機と非常に相性がいいのです。

ですから、掃き出し法にしても、私たちが10分ほどかかるような計算を、計算機を使わずにやっていくことで、表計算ソフトならほんの一瞬でやってしまいます。この作業を、計算機を使いながら計算をしながら逆行列を持たない場合や計算がさっと終わる場合がどういう仕組みになっているのかということを肌で感じられたらと思います。

またrank（階数）というのも、行列の性質を知るのに役にたちます。いろいろやっていくうちに、単に行列式が0の場合でも、実際にはrankによって違いがあるのだ、ということを理解することは重要なことです。2×2行列だと、逆行列を持てばrank＝2、持たなかったら、要素がすべて0でなければrank＝1、とほぼ2種類しかなくて困るわけですが、3×3以上のサイズ

の行列なら、rankにもっと種類があって、問題として楽しいのでここで取り上げました。

いずれにしても本章では、3×3以上のサイズの行列には地道な計算が必要だということを体感していただきたいと考えています。

おわりに

『マンガ　線形代数』、いかがでしたでしょうか。

韓国に「始まりが半分だ」という諺があります。「何かを始めるまでが難しい。始めたということは、もうすでに全行程の半分ぐらいまで達している」という意味です。読者の皆さんが練習問題を解きながら本書を読み終えたのであれば、その段階で線形代数の概念の半分ぐらいには到達しているはずです。

実は大学で手渡される線形代数の教科書には、もっと難しい用語や概念がたくさん出てきます。「ユニタリ行列」「ヤコビ行列」……本書を読んで線形代数をすべて理解したことにはならないのですが、線形代数の「イロハ」の「イ」ぐらいにはなるかと思います。ぜひその調子で線形代数の教科書を読み解いてみてください。きっとそれまでとは比べものにならないくらい、一つ一つの概念が理解できるようになるはずです。

最後になりましたが、本書は企画・原作執筆段階から三年もの年月を経て完成しました。その間、本当に辛抱強く長いお付き合いをいただいた講談社ブルーバックス出版部の小澤久さん、そしてマンガを驚くほど見事に仕上げてくださった北垣絵美さん、この場をお借りして感謝の気持ちをお伝えしたいと思います。本当にありがとうございました。

さくいん

〈数字・欧文〉
3×3行列の行列式	198
CH	157, 184
determinant	75
HC	157
linear	22
rank	221, 235

〈あ行〉
一次結合	118
一次変換	108, 117, 119, 132, 140, 146, 166, 190

〈か行〉
解	140
階数	235
可換	42, 52, 69
逆行列	59, 63, 69, 105, 140, 218
逆数	69
行	18
行列	17, 21, 22
行列式	63, 75, 94, 137, 140
行列のかけ算	36
行列の計算	17, 41
ケーリー	158
ケーリー・ハミルトン	157
交換法則	47
固有値	172, 184, 190
固有ベクトル	172, 190

〈さ行〉
座標平面	114
サラスの法則	199
正方行列	190, 235
零行列	154

　
線形	20, 22
線形結合	118
線形性が成り立つ	20
線形代数	17, 21, 22
線形変換	146

〈た行〉
単位行列	59, 69, 95, 154, 212, 218
直線	134, 140
直線の式	19
直線の式の形	20
点	140
特性方程式	184

〈は行〉
掃き出し法	211
ハミルトン	158
ハミルトン・ケーリー	157
不定	84, 94, 105
不能	87, 94, 105
平面	134, 140
ベクトル	190

〈ら行〉
列	18
連立方程式	105, 140

N.D.C.411.3　238p　18cm

ブルーバックス　B-1822

マンガ　線形代数入門
せんけいだいすうにゅうもん
はじめての人でも楽しく学べる

2013年7月20日　第1刷発行
2025年7月8日　第6刷発行

原作	鍵本　聡（かぎもと さとし）
漫画	北垣絵美（きたがき えみ）
発行者	篠木和久
発行所	株式会社講談社
	〒112-8001　東京都文京区音羽2-12-21
電話	出版　03-5395-3524
	販売　03-5395-5817
	業務　03-5395-3615
印刷所	(本文表紙印刷) 株式会社KPSプロダクツ
	(カバー印刷) 信毎書籍印刷株式会社
製本所	株式会社KPSプロダクツ

定価はカバーに表示してあります。
©鍵本　聡、北垣絵美　2013, Printed in Japan
落丁本・乱丁本は購入書店名を明記のうえ、小社業務宛にお送りください。
送料小社負担にてお取替えします。なお、この本についてのお問い合わせは、ブルーバックス宛にお願いいたします。
本書のコピー、スキャン、デジタル化等の無断複製は著作権法上での例外を除き禁じられています。本書を代行業者等の第三者に依頼してスキャンやデジタル化することはたとえ個人や家庭内の利用でも著作権法違反です。

ISBN978-4-06-257822-6

発刊のことば

科学をあなたのポケットに

二十世紀最大の特色は、それが科学時代であるということです。科学は日に日に進歩を続け、止まるところを知りません。ひと昔前の夢物語もどんどん現実化しており、今やわれわれの生活のすべてが、科学によってゆり動かされているといっても過言ではないでしょう。

そのような背景を考えれば、学者や学生はもちろん、産業人も、セールスマンも、ジャーナリストも、家庭の主婦も、みんなが科学を知らなければ、時代の流れに逆らうことになるでしょう。

ブルーバックス発刊の意義と必然性はそこにあります。このシリーズは、読む人に科学的に物を考える習慣と、科学的に物を見る目を養っていただくことを最大の目標にしています。そのためには、単に原理や法則の解説に終始するのではなくて、政治や経済など、社会科学や人文科学にも関連させて、広い視野から問題を追究していきます。科学はむずかしいという先入観を改める表現と構成、それも類書にないブルーバックスの特色であると信じます。

一九六三年九月

野間省一